高等职业院校艺术设计类新形态精品教材

总主编／肖勇 傅祎

# 环境艺术设计手绘表现技法

主　编　张国强　沈　塔
副主编　于永超　罗科勇　周敏慧
参　编　严谧莞

## HAND-DRAWN EXPRESSION TECHNIQUE

北京理工大学出版社
BEIJING INSTITUTE OF TECHNOLOGY PRESS

## 内容提要

本书内容包括绪论、环境艺术设计手绘基础训练、不同绘图工具的表现技法、室内空间设计手绘表现、室外空间设计手绘表现、手绘效果图表现综合训练。全书结构合理、内容丰富、语言简练、条理清晰，参考价值大。

本书可作为高职高专院校环境艺术设计、室内设计、景观设计等专业的教学用书，也可作为相关从业人员和广大设计爱好者的参考用书。

**图书在版编目（CIP）数据**

环境艺术设计手绘表现技法 / 张国强，沈塔主编.—北京：北京理工大学出版社，2020.1（2020.2重印）

ISBN 978-7-5682-7755-6

Ⅰ.①环…　Ⅱ.①张…②沈…　Ⅲ.①环境设计—绘画技法—高等学校—教材　Ⅳ.①TU-856

中国版本图书馆CIP数据核字（2019）第239585号

出版发行 / 北京理工大学出版社有限责任公司

社　　址 / 北京市海淀区中关村南大街5号

邮　　编 / 100081

电　　话 / （010）68914775（总编室）

　　　　　（010）82562903（教材售后服务热线）

　　　　　（010）68948351（其他图书服务热线）

网　　址 / http://www.bitpress.com.cn

经　　销 / 全国各地新华书店

印　　刷 / 天津久佳雅创印刷有限公司

开　　本 / 889毫米×1194毫米　1/16

印　　张 / 6.5　　　　　　　　　　　　　　　　　责任编辑 / 梁铜华

字　　数 / 180千字　　　　　　　　　　　　　　　文案编辑 / 时京京

版　　次 / 2020年1月第1版　　2020年2月第2次印刷　责任校对 / 刘亚男

定　　价 / 45.00元　　　　　　　　　　　　　　　责任印制 / 边心超

# 总序 GENERAL PREFACE ·········································· ◎

20 世纪 80 年代初，中国真正的现代艺术设计教育开始起步。20 世纪 90 年代末以来，中国现代产业迅速崛起，在现代产业大量需求设计人才的市场驱动下，我国各大院校实行了扩大招生的政策，艺术设计教育迅速膨胀。迄今为止，几乎所有的高校都开设了艺术设计类专业，艺术类专业已经成为最热门的专业之一，中国已经发展成为世界上最大的艺术设计教育大国。

但我们应该清醒地认识到，艺术和设计是一个非常庞大的教育体系，包括了设计教育的所有科目，如建筑设计、室内设计、服装设计、工业产品设计、平面设计、包装设计等，而我国的现代艺术设计教育尚处于初创阶段，教学范畴仍集中在服装设计、室内装潢、视觉传达等比较单一的设计领域，设计理念与信息产业的要求仍有较大的差距。

为了符合信息产业的时代要求，中国各大艺术设计教育院校在专业设置方面提出了"拓宽基础、淡化专业"的教学改革方案，在人才培养方面提出了培养"通才"的目标。正如姜今先生在其专著《设计艺术》中所指出的"工业 + 商业 + 科学 + 艺术 = 设计"，现代艺术设计教育越来越注重对当代设计师知识结构的建立，在教学过程中不仅要传授必要的专业知识，还要讲解哲学、社会科学、历史学、心理学、宗教学、数学、艺术学、美学等知识，以便培养出具备综合素质能力的优秀设计师。另外，在现代艺术设计院校中，对设计方法、基础工艺、专业设计及毕业设计等实践类课程的讲授也越来越注重教学课题的创新。

理论来源于实践、指导实践并接受实践的检验，我国现代艺术设计教育的研究正是沿着这样的路线，在设计理论与教学实践中不断摸索前进。在具体的教学理论方面，几年前或十几年前的教材已经无法满足现代艺术教育的需求，知识的快速更新为现代艺术教育理论的发展提供了新的平台，兼具知识性、创新性、前瞻性的教材不断涌现出来。

随着社会多元化产业的发展，社会对艺术设计类人才的需求逐年增加，现在全国已有 1 400 多所高校设立了艺术设计类专业，而且各高等院校每年都在扩招艺术设计专业的学生，每年的毕业生超过 10 万人。

随着教学的不断成熟和完善，艺术设计专业科目的划分越来越细致，涉及的范围也越来越广泛。我们通过查阅大量国内外著名设计类院校的相关教学资料，深入学习各相关艺术院校的成功办学经验，同时邀请资深专家进行讨论认证，发觉有必要推出一套新的，较为完整、系统的专业院校艺术设计教材，以适应当前艺术设计教学的需求。

我们策划出版的这套艺术设计类系列教材，是根据多数专业院校的教学内容安排设定的，所涉及的专业课程主要有艺术设计专业基础课程、平面广告设计专业课程、环境艺术设计专业课程、动画专业课程等。同时还以专业为系列进行了细致的划分，内容全面、难度适中，能满足各专业教学的需求。

　　本套教材在编写过程中充分考虑了艺术设计类专业的教学特点，把教学与实践紧密地结合起来，参照当今市场对人才的新要求，注重应用技术的传授，强调学生实际应用能力的培养。而且，每本教材都配有相应的电子教学课件或素材资料，可大大方便教学。

　　在内容的选取与组织上，本套教材以规范性、知识性、专业性、创新性、前瞻性为目标，以项目训练、课题设计、实例分析、课后思考与练习等多种方式，引导学生考察设计施工现场、学习优秀设计作品实例，力求使教材内容结构合理、知识丰富、特色鲜明。

　　本套教材在艺术设计类专业教材的知识层面也有了重大创新，做到了紧跟时代步伐，在新的教育环境下，引入了全新的知识内容和教育理念，使教材具有较强的针对性、实用性及时代感，是当代中国艺术设计教育的新成果。

　　本套教材自出版后，受到了广大院校师生的赞誉和好评。经过广泛评估及调研，我们特意遴选了一批销量好、内容经典、市场反响好的教材进行信息化改造升级，除了对内文进行全面修订外，还配套了精心制作的微课、视频，提供相关阅读拓展资料。同时将策划出版选题中具有信息化特色、配套资源丰富的优质稿件也纳入了本套教材中出版，并将丛书名由原先的"21世纪高等院校精品规划教材"调整为高等职业院校艺术设计类新形态精品教材，以适应当前信息化教学的需要。

　　高等职业院校艺术设计类新形态精品教材是对信息化教材的一种探索和尝试。为了给相关专业的院校师生提供更多增值服务，我们还特意开通了"建艺通"微信公众号，负责对教材配套资源进行统一管理，并为读者提供行业资讯及配套资源下载服务。如果您在使用过程中，有任何建议或疑问，可通过"建艺通"微信公众号向我们反馈。

　　诚然，中国艺术设计类专业的发展现状随着市场经济的深入发展将会逐步改变，也会随着教育体制的健全不断完善，但这个过程中出现的一系列问题，还有待我们进一步思考和探索。我们相信，中国艺术设计教育的未来必将呈现出百花齐放、欣欣向荣的景象！

肖　勇　傅　祎

"建艺通"微信公众号

# 前言 PREFACE ·········································· ◉

　　环境设计行业的迅猛发展，对设计师提出了特殊的素质要求，即一个环境艺术设计师必须具备一定的表现技能与良好的艺术审美能力。掌握手绘表现技法，并拥有娴熟的手绘表达技能，是环境艺术设计师在行业内生存的根本。手绘效果图表现不仅可以完整地表达设计构思，还可以指导后期的计算机效果图制作，因此熟练掌握手绘效果图表现技法是十分必要的。

　　本书主要从以下三个方面循序渐进地培养学生手绘表现的基本技能。首先，通过对形体空间的创作能力和色彩应用能力的培养，以及加强写生训练，提高快速捕捉形态的能力并形成良好的空间概念。其次，通过环境艺术手绘表现技能的基础训练，熟练掌握多种工具的运用技巧，并且认识表现材料的特性。多观察、勤思考、多练习，在刻苦训练中逐步形成自己的风格。最后，提高综合表现水平。综合表现水平的提高不是一朝一夕的事，但也不是高深莫测、遥不可及的。可以通过欣赏和临摹优秀的素描、水彩画作品，并且从文学、音乐等其他艺术中汲取营养，在潜移默化中提高自身的综合表现水平。

　　学习手绘表现的技法是一个以手带脑、手脑并用来促进思维发展的重要过程。创造性思维的形成并不是凭空想象的结果，而是通过一点一滴的积累来完成的。熟练的设计表现技法能够开拓我们的思维，对提高设计的深度和广度有着非常重要的作用。手绘效果图是具有独特性、艺术性、偶然性的表现语言，它所表现出来的设计师的艺术气质与修养是计算机所不具备的。因此在强调掌握现代化工具的同时，更要不断地提高手绘设计表现技艺。

　　本书配备了丰富的数字化资源，扫码即可观看微课、视频及作品欣赏等配套资料，有助于读者更全面地了解学科相关知识及资讯；同时在每章末尾设置了"技能拓展"板块，对教材内容进行补充，增强本书的参考性和实用性。

　　由于编者水平有限，书中存在的问题与不足之处恳请读者朋友指正，以便修订时进一步完善。

编　者

# 目录 CONTENTS

# 第一章 | 绪论

## 第一节 环境艺术设计手绘表现的定义和特点

### 一、环境艺术设计手绘表现的定义

环境艺术设计手绘是环境艺术设计整体图纸中的一部分，手绘表现是通过图像或图形直观形象地表达设计师的构思意图和设计的最终效果的视觉传达艺术。环境艺术设计手绘表现形式（图1-1），是一种虚拟真实的设计表现形式，与最终的真实效果表现（图1-2）是有差距的。

图1-1 手绘表现 杨喜生

图1-2 真实效果图表现 杨喜生

## 二、环境艺术设计手绘表现的特点

　　环境艺术设计手绘是表达设计意图的手段，不同于纯粹的绘画艺术，它具有科学性与艺术性相结合的特点，集想象力、创造力、审美能力、技术性与程式化于一体。

　　环境艺术设计手绘表现"求真务实"，尊重客观对象与规律。古人云："千栋万柱，曲折广狭之制，皆有次第，又隐算学家乘除法于其间""虽一点一笔，必求诸绳矩。"（《宣和画谱》）环境艺术设计手绘表现必须符合设计环境的客观情况，所表现的实体必须结构合理、尺度准确，表现出特定环境设计的形态色泽、材料质感等；在表现过程中必须按照科学的态度对待画面的每一个环节，对形体、色彩等的处理都必须遵从透视学和色彩学的基本规律。同时，应在虚拟真实的前提下追求艺术性，即通过应用素描、色彩等知识对画面进行形式美的处理，进行适度的概括与取舍，选择最佳的角度、最佳的环境气氛进行表现，赋予效果图以感人的艺术魅力。另外，手绘不必像绘画一样追求细腻微妙的色彩与光影，可以采用程式化的表现方法（图1-3）来提高工作效率。

　　"画如其人"，环境艺术设计手绘可以体现出不同作者的文化修养、艺术情趣、审美观念、阅历心境和对设计的理解。技法的娴熟并不说明品位的高雅，功夫在画外，读万卷书，行万里路，融会贯通，才能形成别具一格的设计表现风格（图1-4）。

图1-3　程式化室内效果图手绘表现　郭玉山

室内手绘效果图欣赏

图 1-4 简洁效果图手绘表现 张国

## 第二节 环境艺术设计手绘表现的工具和材料

速写常用工具

在效果图的手绘过程中，良好的工具与材料对效果图手绘表现起着至关重要的作用，也为手绘技法的学习提供了很多便利条件。"工欲善其事，必先利其器"，这句俗语就说明了，任何事情，要想做得好，就必须有得心应手的器具。因此，为了获得高质量的效果图，必须有细心的准备工作，应用不同的工具材料，采用不同的表现形式，从而产生不同的表现效果。但良好的工具与材料并不是画好效果图的决定性因素，纯熟的技巧才是绘图的关键。

### 一、笔

铅笔、彩色铅笔、钢笔、中性笔、针管笔、马克笔、色粉笔、尼龙笔、水彩笔、喷笔等是绘制效果图的常用工具，其中铅笔、彩色铅笔、钢笔、中性笔、马克笔等是现代手绘效果图快速表现的必备工具。

1. 铅笔

铅笔是一种比较常用的表现工具（图 1-5），通常用来表现概念草图，勾画一些意境的示意图，有时也表现方案最后的成稿并对其上色，以渲染效果。

铅笔使用时力度不同可表现出深浅不一和宽度各异的线条效果，可以通过涂抹施色和线条来表现色调变化，既适合空间及物体形体的

图 1-5 铅笔

勾勒，也适合细部刻画，以及塑造虚实变化和明暗关系。

铅笔根据其性能分为硬性铅笔 H 系列和软性铅笔 B 系列。常用的型号有 HB、2B、4B、6B、

8B，每一种型号的铅笔均具有不同的特性，可以表现不同的色质和浓淡肌理。HB 中性铅笔软硬适中，是起稿和画透视的首选工具。自动铅笔一般选择 0.3 ~ 0.7 mm 系列，其笔芯较细、较硬，用于起稿，线条清晰、洁净，且便于携带。

### 2. 彩色铅笔

彩色铅笔也是一种常用的效果图表现工具（图 1-6），其色彩种类较多，可以通过多种颜色和有韵律感的线条、笔触、纹理来表现丰富的画面空间与层次，而且便于携带，容易掌握，易于修改。

彩色铅笔分为水溶性彩色铅笔与非水溶性彩色铅笔。水溶性彩色铅笔的颜色附着力好，上色方法简单并可以进行细致描绘，颜色反复叠加图面也不会产生反光。非水溶性彩色铅笔的笔芯相对干硬，很难对画面进行细致刻画。水溶性彩色铅笔在效果图表现中可以与水融合形成退晕的效果，通常与铅笔、马克笔配合使用，以获得丰富的图面表现效果，是非常重要的手绘表现工具。

### 3. 钢笔和中性笔

钢笔和中性笔的墨线清晰，具有很好的视觉效果，是最为常用的手绘效果图表现工具（图 1-7）。钢笔和中性笔的笔端粗细是可以选择的，通常根据画面的内容和幅面的大小而确定。钢笔和中性笔在上调子和虚实处理方面没有铅笔表现得细腻，钢笔和中性笔常通过线条的疏密变化与明暗交界线来概括空间的结构关系。绘图时要注意所使用的墨水干后不能被水溶开，以免损坏画面。

图 1-6　彩色铅笔　　　　　　　　　　图 1-7　中性笔

钢笔具有方向性过强的缺点，在绘图中容易导致线条不流畅，给人烦躁和紧张的感觉。中性笔则更加自由、轻松。

### 4. 针管笔

针管笔（图 1-8）分为非一次性针管笔和一次性针管笔两种，用于勾勒线条或通过线与线的排列组合、点之间的疏密程度来表现空间的明暗和虚实。针管笔绘图时性能比较稳定，线条粗细可任意选择，笔头倾斜角度以 80° ~ 85° 为最佳，画线时速度不宜过快，不能反向运笔。针管笔绘制的线条细腻，借助绘图辅助工具绘制的线条显得挺拔、流畅。

图 1-8　针管笔

非一次性针管笔的常用系列型号为 0.1 ~ 0.5 mm，出水比较流畅、均匀，通常用于工程制图等需要表现精致、细腻效果的画面。一次性针管笔可分为水性和油性两种，普通的一次性针管笔有 0.1 mm、0.18 mm、0.3 mm、0.5 mm、0.9 mm 系列规格。一次性针管笔的品牌很多，大部分都是耐水性的，常用的有日本的 MICRON 和 STAEDTLER、德国的红环等。

### 5. 尼龙笔和水彩笔

尼龙笔通常也叫平头笔，笔锋有方、扁及大小不同的区别，要求笔毛富有弹性，适用于笔触感极强的大幅水粉、水彩效果图的技法表现（图1-9）。

水彩笔的笔毛多用羊毫制成，毛层厚而软，蓄水、蓄色量大，运笔流畅，在绘制不同面积时采用不同型号的笔，既可以大面积渲染，也可以小面积分别渲染。

### 6. 马克笔

马克笔也叫麦克笔，分为水性和油性两大类，是一种常用的手绘效果图表现工具。油性马克笔色彩饱和度高，挥发较快，干后颜色稳定，具有很好的耐光性和耐水性。经过多次覆盖和修改颜色也不会变浑浊，且适合在任何纸上使用。水性马克笔色彩亮丽且透明度好，与油性马克笔相反，颜色叠加后笔触明显并容易变浑浊，比较适合小面积地勾勒和点缀。马克笔由于其色彩丰富、作画快捷、使用简便、表现力强等优点，近年来尤其受室内设计师和建筑师的青睐（图1-10）。

图1-9　尼龙笔、水彩笔　　　　　　　　　图1-10　马克笔

马克笔的笔端有方形和圆形之分。方形笔头整齐、平直，笔触感强烈而且有张力，适合于块面物体的着色；圆形笔端适合较粗的轮廓勾画和细部刻画。马克笔通过笔触的排列方法进行过渡变化，以层层叠加的方式进行着色，一般需先浅后深，逐步深入。

马克笔的常用色原则上是冷暖分开，浅灰、中灰、深灰各一支，灰度差别要比较大。

### 7. 喷笔

喷笔曾经在设计界风行一时，是能表现色彩均匀过渡效果的手绘工具。喷笔可以喷绘出细腻的退晕渐变效果，适用于色彩、明暗的柔和过渡，光线的微妙表达，材料质感的深入刻画，尤其在描绘天空、玻璃、水体、倒影、物体明暗与高光等效果方面有独到之处（图1-11）。

喷笔喷绘使用水粉、广告或丙烯颜料及优质卡纸或专用喷绘用纸。通过气泵的压力，用喷出的气体带动事先放在笔壶内的颜料，再通过人为控制气阀，或大或小地喷出雾状的色彩颗粒。由于喷笔操作过程复杂、技术要求高、作画周期长，以及计算机效果图表现的不断发展，这些都使得喷绘这种表现技法逐渐被淘汰，只有特殊需要时才采用。

### 8. 色粉笔

色粉笔的颜色种类很多，其性能类似于普通粉笔，粉质细腻，使用方便，易修改（图1-12）。色粉笔的特点是笔头较大，勾出的线较粗，不适宜表现大而复杂的画面，经常被用来表现一种总体性的感觉。色粉笔在手绘效果图表现当中使用不多，一般用于小面积的渲染和过渡，如地面倒影、天花板、局部灯光效果等。色粉笔具有覆盖透明色和色彩混合的能力，可与粗质纸面结合，画完后再用固定剂喷罩画面，以便保存。

色粉笔既可用线组织表现画面，也可像水粉那样大面积涂色，所以在快速表现过程中，掌握这种快捷、方便的表现技法对每个设计师都是非常必要的。

图 1-11 喷笔

图 1-12 色粉笔

## 二、纸

手绘表现的纸张选用应根据需要与作品要求而确定。通常作品表现得越深入，选择的纸张越厚，最好选用 150 g 以上的厚纸，纸基厚则具有良好的吸水性能，如水彩纸、水粉纸和卡纸等。在手绘效果图的表现中可以利用纸与水、色的性能关系绘制出各种所需的画面效果。

### 1. 复印纸

在具体的方案设计时，经常使用复印纸，原因是复印纸价格低廉、色质白净，纸面细腻光滑且有一定的透明度。除绘图之外，还可以用于复印，特别是在勾画草图的时候使用会比较顺手，从而使设计状态放松，容易激发构思灵感。在尺寸规范上，A3、A4 幅面的复印纸比较常用。

### 2. 绘图纸

绘图纸的纸面较厚，适宜画精细风格的效果图，可以用刀片局部刮除、修改画错的线条。

### 3. 硫酸纸

硫酸纸呈半透明状，对油脂和水的渗透抵抗力强，可以用针管笔在硫酸纸上描图和照片，然后用马克笔和彩色铅笔上色，适合画方案草图。

### 4. 拷贝纸

拷贝纸的纸面较薄，通常用于复制，也可以直接覆盖在资料上进行雏形设计。

### 5. 水彩纸

水彩纸的吸水性比一般纸高，磅数较大，纸面的纤维也较强韧，不易因重复涂抹而破裂、起毛球。在精细绘制表达时，一般选用麻质的厚纸。通常水彩手绘效果图表现选用棉质纸，因为棉质纸吸水快，速干，其缺点是时间久了易褪色。

### 6. 有色纸

通过各种有色纸可以画出不同意境的画面效果，在暖色调的有色纸上可以画出黄昏落日的古朴效果，而在冷色调的纸面上可以表现夜景（图 1-13）。

## 三、尺

尺子类表现工具主要有丁字尺、三角板、比例尺、蛇形尺、曲线板及各种模板（图 1-14）。

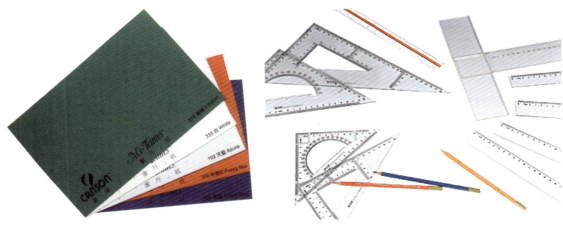

图1-13　有色纸　　　　　　图1-14　丁字尺、三角板、比例尺

### 1. 丁字尺

丁字尺常用的规格有 60 cm、90 cm 两种，为有机玻璃材料，作用是画水平线和透视中所有的平行线。丁字形的尺沟卡在画板的左边，左手扶尺，右手握铅笔沿着尺子的上边缘由左向右行笔。

### 2. 三角板

常用的三角板有 15 cm、30 cm 两种规格，为有机玻璃材料，作用是画透视中所有的垂直线。三角板直角一边方向朝左下方紧抵在丁字尺的上边缘，左手扶三角板和丁字尺，右手握铅笔沿三角板左边缘由下而上行笔。

### 3. 比例尺

比例尺也叫三棱尺，有木质和有机玻璃材料两种，是放大和缩小效果图的有效工具。在表现效果图时要根据空间大小和图纸的范围来选择合适的比例，一般画室内表现效果图常用的比例是 1：50、1：40、1：30、1：25 和 1：20。

### 4. 蛇形尺、曲线板及各种模板

蛇形尺、曲线板是画各种弧线和曲线的有效工具。各种模板是画特定图形的工具（图1-15）。

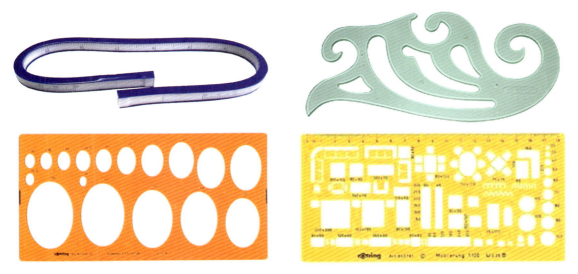

图1-15　蛇形尺、曲线板、模板

## 四、其他辅助工具

### 1. 调色工具

水粉画的调色工具有调色盒（板）等。对调色盒（板）的基本要求是洁白、平整、不吸水。调色盒以色格略深、20 ~ 24 格左右的塑料调色盒为宜（外出写生存放颜料，轻便实用）。为了防止颜料干裂，不用时可覆盖一层用清水浸湿的海绵或毛巾，使颜料保持水分。如果喷绘大幅水粉表现图，在室内可以用瓷盘、碟、杯子等来调大面积的色彩。

### 2. 笔洗工具

笔洗工具选用塑料瓶、罐、桶为宜，大小视画面需要而定。另外，还需要一块易吸水的布或海绵，用以擦拭和控制画笔的水分。

### 3. 试色纸

无论什么表现技法，画幅多大，上色前都应先选一张与效果图同类的纸张作为试色纸，试看一下其深浅、饱和度等是否达到要求，然后再在正稿上着色。

### 4. 其他工具

剪刀、刻纸刀、橡皮、胶带纸、胶水（糨糊）、吹风机等其他辅助工具也要尽可能准备。

## 五、颜料

目前手绘效果图使用的颜料主要有水粉、水彩、透明水色以及丙烯颜料等。

各种颜料由于性能不同，在使用方法上也有很大差别，表现出的效果也各不相同。因此，只有熟悉各种颜料的特点，在使用时才会得心应手。

### 1. 水粉颜料

水粉颜料又称"广告色""宣传色"，也是一种传统的着色工具（图 1-16），与水彩的技法基本相同。水粉颜料中大都含粉质，色彩鲜艳，具有较强的覆盖能力，适用于较大的画面，但达到一定厚度时，干后会出现龟裂脱落现象，因此，在作图时不宜涂得太厚。

### 2. 水彩颜料

水彩是传统的着色颜料（图 1-17），可以与钢笔、铅笔结合使用。颜色从高纯度到灰度非常齐全，其色度与纯度和水的加入量有关，水越多色彩就越浅，纯度也就越低。水彩颜料具有明快、润泽，独一无二的渲染效果，色彩鲜明且着色力强，具有一定的透明性，但不宜覆盖和修改。

图 1-16　水粉颜料　　　　　　　　　图 1-17　水彩颜料

### 3. 透明幻灯（照相）水色

透明幻灯（照相）水色又称液体水彩颜料，或彩色绘画墨水，因其在彩色摄影尚未普及前用来为黑白照片和幻灯片着色而得名。其颗粒极细，色质较好，颜色鲜艳，透明度好，着色力和渗透性极强，适宜画钢笔淡彩或铅笔淡彩。

### 4. 丙烯颜料

丙烯颜料属于快干类颜料，是以合成树脂为溶液与传统颜料混合而成的，分油溶性和水溶性两种。现今常用的是水溶性丙烯颜料，其性能与水彩、水粉颜料相似，可以薄画，也可以厚画，有一定的透明度，色彩鲜艳，黏着力强，耐光照，防水性能好。

### 5. 喷笔画颜料

喷笔画的专用颜料为进口颜料，质高价昂，一般可用水彩、水粉代替。用色量大时需要在调色碟内沉淀后再使用，以减少堵塞。

以上各类颜料要根据自己所擅长的技法和经济能力来选择，各种工具和材料均有讲究，只有在学习中不断摸索尝试，才能做到表现时得心应手。

## 第三节　环境艺术设计手绘表现的发展历程

手绘表现伴随着人类设计意识的萌芽而产生，是人类运用二维形式去模拟三维事物的特定方式。手绘表现随着历史文化、设计思想的发展而进步。历史上各个时段和不同地域的艺术家和设计师的手绘表现技法各有特点。

最早的环境艺术设计手绘可追溯到古埃及文化中利用图像来描绘空间的实物例证。约公元前2100 年的古埃及孟菲斯（Memphis）附近一处神庙的树木配置平面图可算作最早的环境艺术设计手绘效果图。

文艺复兴时期的绘画巨匠莱昂纳多·达·芬奇利用手绘表现设计构思，将纸上构思与成品紧密联系在一起，是当时设计界的杰出代表。达·芬奇在《论绘画》中深入地探讨了透视、比例等问题，他留下的诸多环境规划和建筑设计等设计草稿所体现的创造能力与表达能力至今令人惊叹。这些作品的表现手法大都是线描和明暗结合，显示出对设计的透视、结构、空间、材料、功能等要素的预想，这些设计草图堪称手绘表现艺术的经典之作（图 1-18）。文艺复兴时期的艺术家按照科学理论的原则与经验总结，完善了透视学，并应用光学开创了科学的绘画明暗法，为运用二维形式去模拟创造三维事物的写实传真的效果图奠定了坚实的基础。文艺复兴时期开始出现平面图、立面图、剖面图三者结合以及透视画法，这大大便利了设计师对空间构造的构思，也方便了设计师与委托设计的业主的交流。

1670 年开创的意大利圣·路卡学会是真正的建筑画走向规范化的开始，为法国学院派风格打下了坚实的基础。19 世纪初巴黎美术学院的设计手绘表现是一个重要里程碑。1819 年皇家建筑研究会更名为皇家美术学院（L'école Royale des Beaux-Arts），它综合了建筑、绘画、雕塑三部分。巴黎美术学院的建筑教育体系被称为"学院派"，在建筑史和建筑画史上都占有重要地位，因为它继承并发扬了文艺复兴时的古典传统，肯定了建筑画本身的艺术价值，把平面、立面、剖面的二维设计和构图渲染当成了教学设置的主线。建筑的空间、体积、质感、气氛是建筑画永恒的主题。巴黎美术学院十分强调学生徒手绘图的能力，将素描基本功和水彩技法发挥到了完美的境界。巴黎美术学院强调在立面、剖面图中表现空间的深度，所有阴影都用渲染技法仔细勾画，被后人称为正统的建筑渲染图——"柱式"渲染图，这些图能够逼真地再现空间和材料质感（图 1-19）。

1976 年，在美国纽约现代艺术博物馆举行了巴黎美术学院的学院派艺术设计绘画作品展。这次展览使巴黎美术学院的设计表现绘画学术地位得到了认可。1978 年，英国伦敦建筑协会举行了巴黎美术学院作品研讨会，肯定了其学术地位和艺术价值。这次活动影响巨大，掀起了世界各地对艺术设计手绘表现的关注和兴趣。

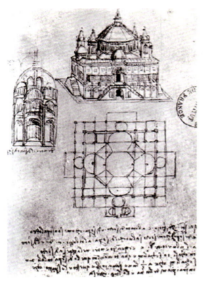

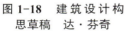

图 1-18　建 筑 设 计 构
思草稿　达·芬奇

图 1-19　古典建筑"柱式"渲染表现

文艺复兴时期发明透视绘图法后，手绘表现有了更大的发展。19 世纪发展了用钢笔、铅笔、水彩等工具绘制效果图的技法，手绘表现的工具和技法得到了最大限度的发展。19 世纪末至 20 世纪中叶，手绘表现进入了个性化时代。伴随着声势浩大的各种思潮与运动，一批现代设计大师和手绘表现大师出现了，效果图表现向多元化方向发展，流派纷呈（图 1-20、图 1-21）。与此同时，拥有专业画师的表现图事务所应运而生，而反对效果图表现的声音也开始出现。

图 1-20　休·费里斯建筑画

图 1-21　彼得·柯克建筑画

现代意义上的手绘效果图在我国最初是用水粉来表现的，后来发展为用喷笔、水彩等表现，现在在环艺、建筑与景观等领域主要运用马克笔、水彩等结合钢笔进行快速表现。手绘效果图表现利用传统且常见的工具，能够随心所欲，不受限制（图 1-22）。

总的说来，手绘效果图表现的历史是久远的。环境艺术设计手绘效果图表现是对设计语言方式的探索，如同伟大的建筑大师柯布西耶所说："建筑，是一种思维方式，而非一门手艺。"环境艺术设计手绘效果图表现亦然。

图 1-22　钢笔线稿结合电脑着色处理　夏克梁

## 第四节　学习环境艺术设计手绘表现的意义和注意事项

### 一、学习环境艺术设计手绘表现的意义

手绘表现是设计师必须掌握的设计技法，在环境艺术设计学习中具有重要意义，主要体现为以下两点。

#### 1. 手绘表现是设计师表达构思的重要手段

设计师通过手绘效果图直观形象地表现设计的效果，迅速捕捉灵感，准确表达设计思维，传达出设计意图与思路。在构思的每一个阶段，它对开拓设计思维、提高设计认识、变换设计手法等都具有积极的作用。它既能表达设计理念，又可以用来检验、修改和完善设计方案。

#### 2. 手绘表现是设计师与业主之间沟通、交流的方式

手绘效果图能直观形象地表达环境空间，营造气氛，具有很强的视觉冲击力与艺术感染力。客户希望提前看到项目的设计效果，手绘效果图正是通过直观形象的方式将设计效果提前展现给客户，比专业性很强的施工图更直观。如果说施工图是设计师与施工人员交流的专业术语的话，那么手绘效果图则在设计师和客户之间搭起了一座易于沟通的桥梁。一张手绘效果图的好坏，对于甲方和审批者具有重要意义，有时甚至会影响到业务的成功与否。

手绘表现具有很强的艺术感染力，是工程图纸设计中必不可少的组成部分，可以有效衡量设计师的艺术功底，直接体现设计师素质级别和水平层次。

### 二、学习环境艺术设计手绘表现应注意的事项

在学习环境艺术设计手绘表现时，应注意以下几个事项。

#### 1. 避免轻视手绘

随着计算机技术的发展，计算机设计效果图以其制作速度快、视觉效果逼真等优点有逐渐取代传统手绘效果图的趋势。但是，手绘是设计师必须掌握的设计技法，它能把脑海中一闪而过的灵感迅速捕捉下来，准确表达设计师的思维，传达出设计师的设计意图与思路（图 1-23、图 1-24）。

另外，计算机效果图表现也有不足之处，比如工作量大，对计算机硬件、技术人员熟练程度甚至团队配合等都有较高要求。应根据手绘表现与计算机表现的不同特点，充分发挥各自的优势。手绘重点解决设计的前期构思与表现，计算机设计解决后期的深化、仿真与出图，只有二者相辅相成、均衡发展才能适应当前社会的需要。随着信息时代科学技术的发展，人们的审美观念逐渐变化，二者的充分结合将是效果图表现发展的整体趋势。

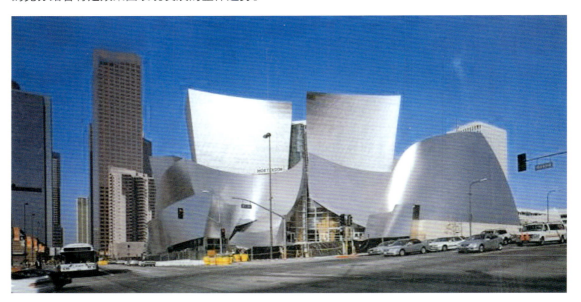

图 1-23　迪斯尼音乐厅（美国）

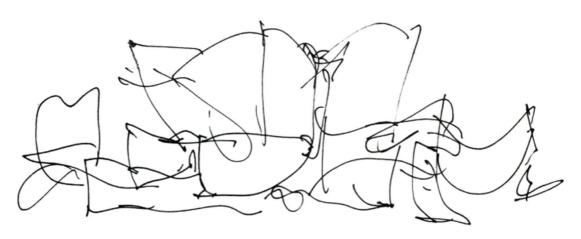

图 1-24　迪斯尼音乐厅设计草图　弗兰克·盖里（美国）

## 2. 不要过分注重表现效果，而忽视设计本身

许多同学认为学好手绘表现就可以"一招鲜，吃遍天"，大部分时间用来练手绘表现。手绘表现固然重要，但它毕竟只是设计图纸的一部分，最终还是要看设计思想。在环境艺术设计中只注重视觉效果是片面的，因为设计师与绘图员有本质的区别。设计不同于绘画，虽有艺术的成分，但更多的要尊重客观规律与技术要求。

## 3. 避免表现风格单一的倾向

个别同学在手绘表现的学习中还存在表现风格单一的倾向，比如在学习中把某名家奉为圭臬，心摹手追，唯恐不似。这在某一阶段是可行的，但表现艺术提倡多元化、个性化，千人一面则会限制思维的发展，是注定要被淘汰的。应当不拘一格，采用多种风格与材料进行手绘效果图表现。

## 技能拓展

### 提升手绘表现内涵的三种方法

手绘表现的创作过程是一种形象化的思维过程，需要勤加练习，也要掌握一定的方式方法。扫码学习提升手绘表现内涵的三种方法。

提升手绘表现内涵的
三种方法

## 本章小结

本章介绍了环境艺术设计手绘表现的定义和特点，有利于学生把握手绘表现的基本要求，掌握正确的学习方法；简单介绍了常用的工具和材料，有助于学生选择最佳的表现工具；分阶段叙述了手绘表现的发展历程，指明了学习环境艺术设计手绘表现的意义和注意事项。

## 思考与练习

1. 学习环境艺术设计手绘表现有什么意义？

2. 手绘效果图表现与计算机效果图表现各有什么优势与不足？如何理性对待手绘效果图表现与计算机效果图表现？

# 第二章 | 环境艺术设计手绘基础训练

**知识目标**

了解线条训练的方法，色彩的属性及用色原则，熟悉透视的分类及绘制步骤、写生步骤。

**能力目标**

熟练掌握并运用线条、色彩、透视、写生等表现内容、步骤或技巧。

## 第一节 线条训练

线条的艺术：线描人物的用线特点和处理手法

画好一条直线主要的运笔规律是起笔和收笔重，中间行笔轻松、速度较快（图2-1）。

对于很长的直线或弧线不好把握时，可以手随线动（运动整个手臂而不是仅运动手腕），放松自如地一次画好；或分段画，但尽量少分段，且相邻两段之间要留有空隙，千万不要去接头；或采用小曲大直的抖线，保证大趋势正确即可。

画交叉的线，两笔画出的线不要接头，因为手绘与尺规作图不同，两条线准确地相接是不现实的，也是不必要的。所以，可以将两条线交叉处都出头，但不要一条过短另一条过长。

用线条表现明暗变化时，一般采用渐变的形式，具体操作可以通过线条的粗细、笔触的轻重、线条的长短和疏密排列等的逐渐变化来实现（图2-2、图2-3）。

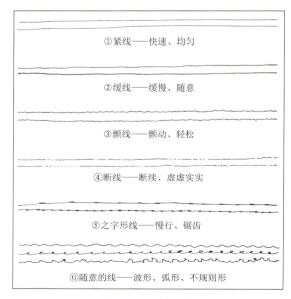

①紧线——快速、均匀

②缓线——缓慢、随意

③颤线——颤动、轻松

④断线——断续、虚虚实实

⑤之字形线——慢行、锯齿

⑥随意的线——波形、弧形、不规则形

图2-1 不同的线

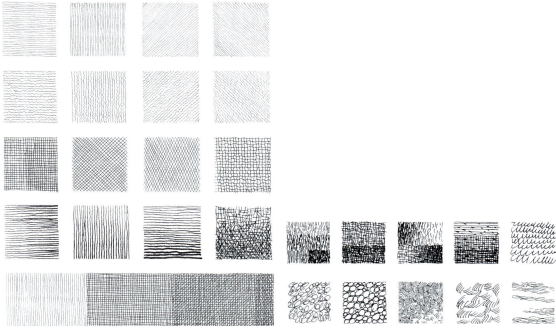

图 2-2　线的变化　　　　　　　　图 2-3　线的组织

## 第二节　色彩训练

### 一、色彩的属性

色彩是光反射到人的眼睛中而引起人的知觉。眼睛可以区分的颜色很多，只有科学地认识、应用色彩，才能获得较好的色彩效果。对色彩特质进行系统分类，可分为色相、明度及饱和度三个属性（图 2-4、图 2-5、图 2-6、图 2-7）。

图 2-4　色相环

图 2-5　色彩明度基调训练

图 2-6　近似色对比训练

图 2-7　色相、明度、饱和度

### 1. 色相对比

色相指颜色的相貌。对比最强的两个色相总是处在色相环的相反方向，如红和绿、黄和紫。这样的两个色即为补色。两个补色相邻时，看起来色相不变而饱和度增强，这种现象叫作补色对比。补色对比是最强烈的色相对比。

### 2. 明度对比

色的明亮程度叫明度，明度不同的两色相邻时，明度高的色看起来明亮，而明度低的色看起来较暗一些，看起来明度差异增大的现象叫明度对比。

### 3. 饱和度对比

色的鲜艳程度称为饱和度。饱和度不同的两个色相邻时会相互影响，饱和度高的色显得更鲜艳，而饱和度低的色看起来更暗浊一些。被黑、白、灰包围的彩色，看起来饱和度更高。

### 4. 色性对比

色性对比即色的冷暖对比。在表现对象色彩时除了用色的三属性对比外，还应该加上色性对比。有的色彩使人感到温暖（暖色），有的色彩使人感到寒冷（冷色），这就是由色相而产生的感觉，以其明度和饱和度的高低来调节冷暖程度。另外，白色冷，黑色暖，灰色为中性。

## 二、用色的原则

在表现效果图中一般采用具有一定灰度或几种颜色混合而成的颜色，而不宜使用纯度和饱和度很高的鲜艳颜色，即便有时为了点缀画面而用到这类颜色也应该倾向于使用一种颜色。

## 三、配色的原则

整个画面的配色原则为：大统一，小对比（图2-8）。

室内色彩设计欣赏

图2-8 配色原则——大统一，小对比 蒋伊林

暖灰或冷灰一般奠定了整个表现图的基调——暖色调或冷色调，彩色的运用赋予整个画面一个色彩倾向，一般颜色的选择范围局限在二十四色环中的60°以内，这样做既可以统一色调又可以明确其明暗关系。有时，为了统一整个画面的色调，配景的颜色也可不必拘泥于真实状态，如在夏季，树木本是绿色，但为了画面色调统一则可以将其处理为其他颜色。

但是，如果画面色调过于统一则会使人产生沉闷的感觉，在局部加入对比色彩会使画面表现更加生动。但对比色只适用于很小的面积，分布也要相对集中。

## 第三节 透视训练

透视是一切制图的基础，无论是建筑设计、室内设计还是景观设计，都必须掌握绘制透视图的技法。这是设计者将构思传达给使用者的交流语言，有助于把想象转换为真实的场景。

## 一、一点透视

一点透视也称为平行透视，室内空间的远处墙面与画面平行，其他垂直于画面的线将汇集于视平线中心的消失点上，与心点重合。要记住这三种线型：原来水平的仍然保持水平，画水平线；原来垂直的还要保持垂直，画垂直线；与画面垂直的那些平行线交于视平线上的消失点上，画透视线。

一点透视的特点是表现范围广、纵深感强、能表现出五个墙面，适合表现整齐、平展、稳定、庄重、严肃的空间感觉。其缺点是略显呆板，不够灵活，与真实效果有一定差距（图2-9）。

图 2-9　一点透视　张国强

下面以绘制宽5m、进深6m、高2.7m的室内空间为例来介绍一点透视图的绘制步骤（每一个单位距离为1m）。

步骤一：

（1）绘制基线GL，此线是墙面和地面相交的线。在基线上任取一点C。

（2）经C点向上作一条垂直线，并在此线上量取2.7m为A点，线段AC为真高线。

（3）在基线上的C点向左侧量取房间的真实进深为6m，向右量取房间的真实宽度为5m处定一点为D点，经D点向上作一条垂直线，经A点向右作水平线交于D点的垂直线上为B点。

（4）由C点向上量取1.5m左右处画一条水平线HL，此线为视平线（图2-10）。

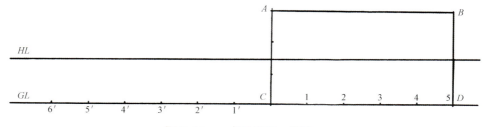

图 2-10　一点透视图　步骤一

步骤二：

（1）在ABDC方框中的视平线HL上任选一点CV作为心点，一般情况下CV点不能在ABCD方框内视平线的中心，应偏左或者偏右。

（2）将CV点分别与A、B、C、D点连接并延长，CV点与C、D点连线的延长线是墙面和地面的交界线，CV点与A、B点连线的延长线是墙面和顶棚的交界线，AC、BD两线段为墙与墙的交界线。

在 AC 段左侧按照单位标明点 1′、2′、3′、4′、5′、6′，在 CD 段标明点 1、2、3、4、5（图 2-11）。

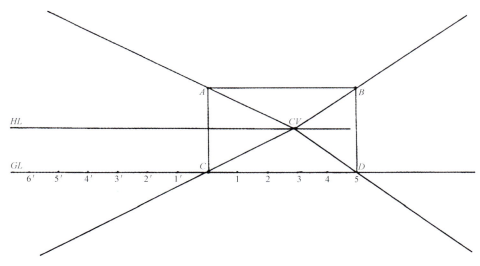

**图 2-11　一点透视图　步骤二**

步骤三：

在 C 点左侧 6 m 处向上作一条垂直线，此线交 HL 线于 E 点，在 E 点向右稍偏任选一点为量点 M，一般情况下 M 点离线段 AB 越近所画出的空间越大（图 2-12）。

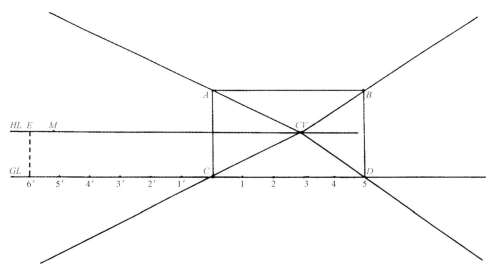

**图 2-12　一点透视图　步骤三**

步骤四：

（1）将 M 点与 C 点左侧各刻度点相连接并延长交于 CV 点与 C 点连线的延长线，交点分别为 1″、2″、3″、4″、5″。

（2）过 1″、2″、3″、4″ 点分别作 CD 线段的平行线。

（3）将 CV 点与 CD 线段上点 1、2、3、4、5 相连并分别画出延长线表示为地面的透视线。

（4）画高度的透视要在真高线 AC 上量取，再和 CV 点相连并延长，CV 点与 A 点、CV 点与 C 点连线的延长线的垂直高度便是线段 AC 的透视高度（图 2-13）。

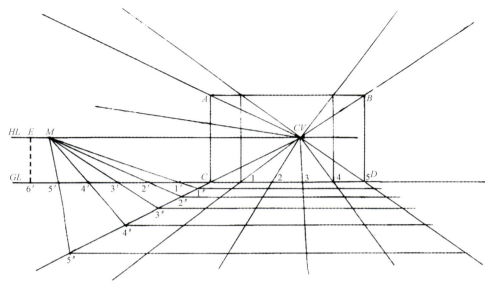

图 2-13 一点透视图 步骤四

步骤五：

在了解了基本的空间透视方法后开始绘制室内家具的透视图。

（1）在 C 点左边的基线上，量取 G、F 两点，并经 M 点分别作 MG 和 MF 的延长线分别交 CV 点与 C 点连线的延长线上于 G′、F′ 两点，经过这两点分别作线段 CD 的平行线。

（2）在 CD 线段上量取 H 点和 P 点，过 CV 点作它与 H、P 点连线的延长线，分别经 G′、F′ 两点的平行线相交，得出 a、b、c、d 四点，经四点向上画出其垂直线。

（3）画家具的高度，先在 H 点的垂直线上量取家具的高度（一般为 45 mm）定为 N 点，作 CV 点与 N 点的延长线，分别交于 a、c 的垂直线上，再向右分别作 CD 的平行线，分别交于 b、d 的垂直线上得出两点，并连接两点（图 2-14）。

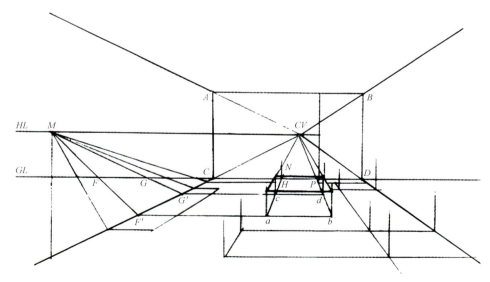

图 2-14 一点透视图 步骤五

步骤六：

依据此方法，将其他家具的透视分别表现出来。根据设计参照大的透视形，结合作画者自身的感觉画出家具的细部透视，并画出室内陈设品与植物。

## 二、两点透视

两点透视也叫成角透视，室内空间的所有墙面与画面均呈一定角度，地脚线和顶角线分别消失于视平线左右的两个消失点上。其中，有两种线型比较重要：原来垂直于地面的还要保持垂直，画垂直线，其他两组平行线的透视分别交于墙角真高线两侧的两个消失点上，画透视线（图2-15）。

**图2-15　两点透视图　张国强**

两点透视的特点是画面效果自由、活泼、近于真实，但其缺点是只能表现出四个界面，如果两个消失点离得太近，易出现夹角，造成画面失真。

下面以宽3.6 m、长4.5 m、高2.7 m的室内空间为例来介绍两点透视图绘制的步骤（每一个单位距离为1 m）。

步骤一：

（1）绘制基线GL，此线是墙面和地面相交的线。

（2）在线GL上任意取一点B，经过B点向上作一条垂直线，并在此线上量取2.7 m为A点，线段AB为真高线。

（3）由B点向上量取1.5 m定一点T，画一条水平线HL，把此线定为视平线。

（4）由B点向左量取3.6 m定点X，此线段为房间的实际宽度；向右量取4.5 m定点Y，此线段为房间的实际长度（图2-16）。

步骤二：

（1）在HL线两端任选点$VP_1$、$VP_2$为消失点，点$VP_2$距离AB线段比点$VP_1$距离AB线段较远些。

（2）分别作点$VP_1$、$VP_2$与点A、B连线的延长线（图2-17）。

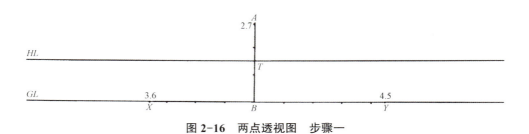

图 2-16　两点透视图　步骤一

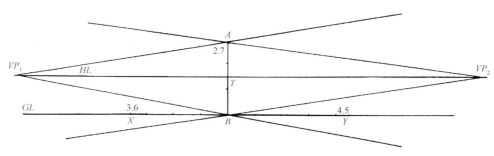

图 2-17　两点透视图　步骤二

步骤三：

（1）在 GL 线上，经 X 点向上作垂直线，交 HL 线于 X′ 点，经 Y 点向上作垂直线交 HL 线于 Y′ 点。

（2）把线段 X′T、Y′T 分别三等分，把距 X′ 点最近的 1/3 点定为量点 $M_1$，把距 Y′ 点最近的 1/3 点定为量点 $M_2$。

（3）画点 $M_1$ 与点 X 连线的延长线交点 $VP_2$ 与点 B 连线的延长线于 U 点，UB 线段为房间的透视宽度（3.6 m）；画点 $M_2$ 与点 Y 连线的延长线交于点 $VP_1$ 与点 B 连线的延长线于 V 点。

（4）分别画点 $VP_1$ 与点 U、$VP_2$ 与点 V 连线的延长线（透视线）交于点 Z，点 U、B、V、Z 的连线构成了房间的基透视（图 2-18）。

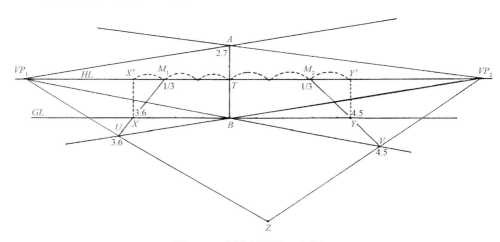

图 2-18　两点透视图　步骤三

步骤四：

（1）画出点 $M_1$ 与线段 BX 上的各尺度点的延长线，分别交于线段 BU 上，即找出各尺度的透视点。

（2）画出点 $M_2$ 与线段 BY 上的各尺度点的延长线，分别交于线段 BV 上，即找出各尺度的透视点。

（3）分别画出点 $VP_1$ 与线段 $BU$，点 $VP_2$ 与线段 $BV$ 上的各透视点连线的延长线，即形成了地面的网格透视。

（4）要找出近处 $V$ 点垂直线的透视高度，首先要在真高线 $AB$ 上来量取真实高度 $BQ$，经消失点 $VP_1$ 与真实高度点 $Q$ 连线的延长线与 $V$ 点的垂直线相交于点 $Q'$，$VQ'$ 即是透视高度（门或家具高度）。所有的透视高度都是在真高线上量取的物体的真实高度（图 2-19）。

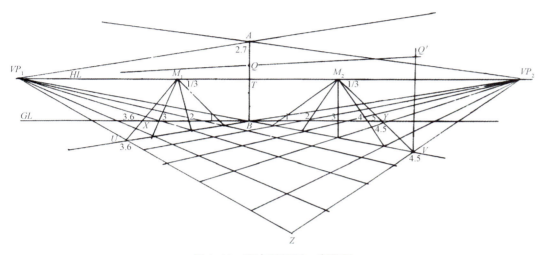

图 2-19 两点透视图 步骤四

步骤五：

（1）在线段 $BX$ 上找出 $E$、$F$ 点，分别画出点 $M_1E$、$M_1F$ 的延长线并交于线段 $BU$ 于点 $E'$、$F'$，在 $BY$ 线段上找出 $C$、$D$ 点，分别画出 $M_2C$、$M_2D$ 的延长线分别交线段 $BV$ 于 $C'$、$D'$ 点。

（2）画出点 $VP_1$ 与点 $E'$、$F'$ 连线的延长线同 $VP_2$ 与点 $C'$、$D'$ 连线的延长线分别交于点 1、2、3、4，这四点的连线便为家具的基透视。

（3）依此类推，画出其他家具的基透视（图 2-20）。

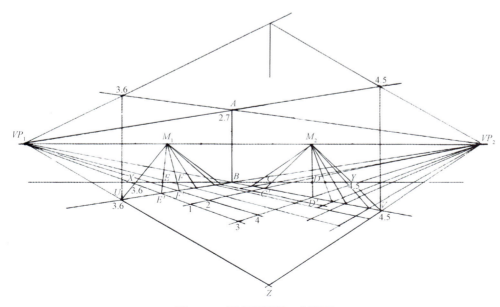

图 2-20 两点透视图 步骤五

步骤六：

（1）要求出此物体的透视高度，首先由点 $F'$ 向上作一条垂直线，然后以 $B$ 点向上量取此物体的真实高度，定点 $H$。

（2）经 $VP_2$ 点与 $H$ 点连线的延长线交于 $F'$ 的垂直线上于点 $H'$。

（3）经 $VP_1$ 点与 $H'$、$E$ 点连线的延长线交于点 2、3 的垂直线上分别得到点 $2'$、$3'$。

（4）经 $VP_1$ 点与点 $2'$、$3'$ 连线的延长线交于点 4、1 的垂直线上分别得出点 $4'$、$1'$。

（5）将点 1、2、3、4、$1'$、$2'$、$3'$、$4'$ 用线连接便得出此物体的透视（图 2-21）。

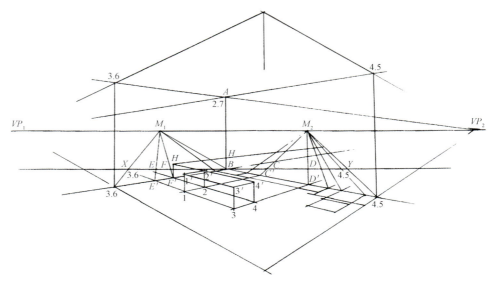

图 2-21　两点透视图　步骤六

步骤七：

依据此方法，将其他家具的透视分别表现出来。

在空间与家具透视的大形上，根据设计参照大的透视形，结合我们的感觉画出家具的细部透视，并画出室内陈设与植物等的透视。

## 三、一点斜透视

一点斜透视是介于一点透视与两点透视之间的一种透视图形画法。室内空间远处的墙面与画面略微有一些角度，其角度不得大于 45°，两侧墙面有一点透视的感觉，但画面还有两个消失点，一个消失点在图中，另一个消失点在图外或离画板很远的地方。

要记住三种线型：原来垂直于地面的还要保持垂直并且画垂直线；与画面垂直的那些平行线交于视平线上的消失点上，画透视线；与画面呈角度的那组线要交于画板外的消失点上。

一点斜透视的特点综合了一点透视和两点透视的优点，即视野宽广，纵深感强，画面能给人以活泼、真实的感受（图 2-22）。

图 2-22　一点斜透视图　王辉

下面介绍一点斜透视图的绘制步骤。

步骤一：

按照一定的比例画出内框，得到 $A$、$B$、$C$、$D$ 四点，长度为 7 m，高度为 3 m。

定出 $HL$ 和 $CV$，然后由 $CV$ 分别向 $A$、$B$、$C$、$D$ 引透视线，并根据画面需要作一条斜线交于 $E$ 点，再作垂直线交于 $F$ 点，然后向 $C$ 点连线，即绘出内画框的透视（图 2-23）。

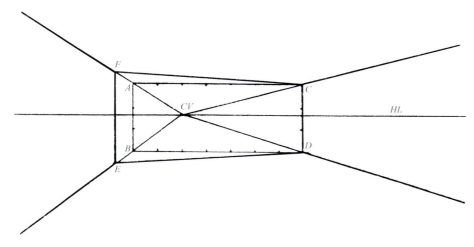

图 2-23　一点斜透视图　步骤一

步骤二：

在 $CD$ 线右侧 $HL$ 上定出量点 $M_1$，在 $EF$ 线左侧 HL 上定出量点 $M_2$，量点 $M_1$ 到 $CD$ 线、量点 $M_2$ 到 $EF$ 线之间的距离为 $a$，$CV$ 点到 $CD$ 线的距离为 $b$（注意：$a$ 必须大于 $b$，通过线段 $a$、$b$ 控制房间的进深大小）。从 $E$ 点与 $D$ 点分别向左、右作水平线，并在其上面定出地面进深尺寸（图 2-24）。

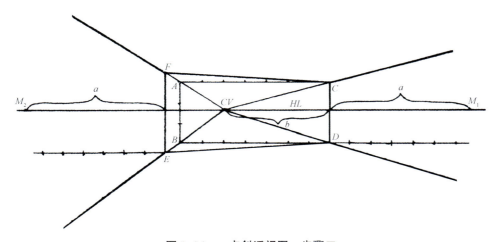

图 2-24　一点斜透视图　步骤二

步骤三：

再从 $M_1$、$M_2$ 两点向水平线上各分点连线，一直延长到两侧墙面与地面的交界线上，即得到室内左右两侧进深的透视等分点（图 2-25）。

步骤四：

将地面左右线上相应的透视分点用线连接，再从点 $CV$ 向 $BD$、$AC$ 边上各分点分别引出延长线作出左、右两个墙面和天棚上的透视网格，即完成一点斜透视图所需的透视网格（图 2-26）。

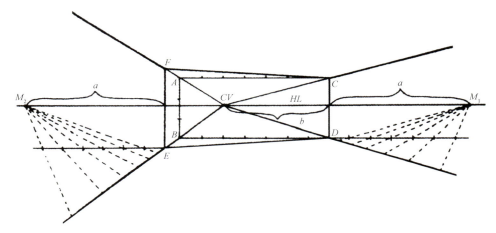

图 2-25　一点斜透视图　步骤三

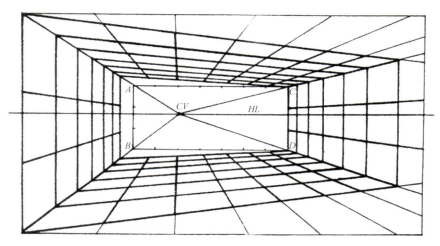

图 2-26　一点斜透视图　步骤四

　　掌握了透视网格的画法之后，就可以作室内一点斜透视图了。其中，家具的透视画法要用一点透视的方法。

　　总之，透视方法多种多样，上述透视方法均是长期作图实践中所得的经验。不同的绘图者可能会有不同的绘图方法，通过透视基本功的练习，可结合自己的感觉快速地表现出室内的透视空间，但所绘的透视图中一定要有消失点的概念，并且空间及家具的比例关系要协调。

### 第四节　写生训练

静物写生作品欣赏

　　在临摹一定数量的他人作品和照片以后，就可以进行写生练习了。写生可以使绘画者在头脑中建立直观的空间感觉，将表现图与真实情况联系起来，为表达自己的设计作品打下基础。但是写生不是拍照片，现场有什么就如实地表达出来，而是在写实的基础上对画面进行一定的艺术处理，以达到源于生活而高于生活的效果（图 2-27）。

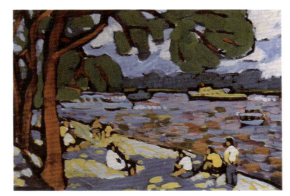

**图 2-27　风景写生对色彩形态的归纳**

在现场写生时，应将最想表达的景物展现在画面上，并且要使观赏者能清晰地明白作画者的意图，这就要求作画者突出和强化想表达的东西。写一篇文章要有一个中心，所有文字都在为这个中心服务；表现图的中心称为趣味中心。突出趣味中心的方法有以下几种。

## 一、取景

取景框就如同相机的镜头，可以调节焦距，可以选择广角，也可以上下左右移动，这根据作画者要强调画面的景物和情感的不同而不同。如要表现某一细部，就需要长焦镜头；要表现宏观全景，就需要广角镜头；要表现大厦之挺拔，就需要将取景框向下拉，缩小天空在表现图中所占的面积（图 2-28）。

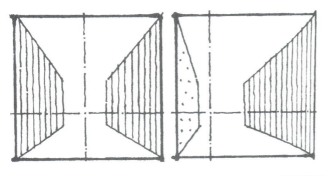

（左）中间的心点或者消失点两侧作为空间界面的墙，具有同等的地位

（右）消失点偏向图面的一侧导致一侧的空间界面被突出出来

**图 2-28　图面取景**

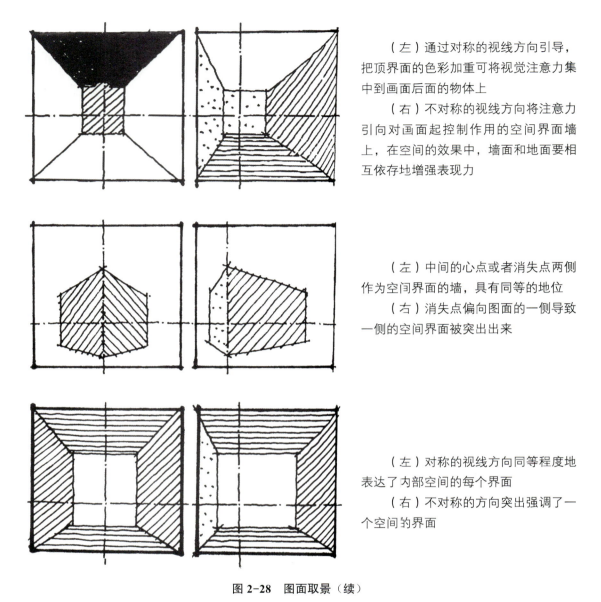

（左）通过对称的视线方向引导，把顶界面的色彩加重可将视觉注意力集中到画面后面的物体上

（右）不对称的视线方向将注意力引向对画面起控制作用的空间界面墙上，在空间的效果中，墙面和地面要相互依存地增强表现力

（左）中间的心点或者消失点两侧作为空间界面的墙，具有同等的地位

（右）消失点偏向图面的一侧导致一侧的空间界面被突出出来

（左）对称的视线方向同等程度地表达了内部空间的每个界面

（右）不对称的方向突出强调了一个空间的界面

图 2-28　图面取景（续）

## 二、构图

构图过程就是对表现内容的一种构思过程，因为构图本身就意味着选择、从属和强调。它是一个可以表达明确意图的思维过程，即发现主题、组织题材、构建形式。它并不是一般意义上的作画步骤，而是一个由始至终的作画过程。

（1）一般表现图都是由近景、中景和远景三部分组成的，这样的画面具有空间层次感（图 2-29、图 2-30）。

（2）要表达设计的主题，其趣味中心一般在中景部分。真实世界中形体、色调与事物相互交织，通过设计图纸的表现可将其变得清晰而明确，尤其可以表现出环境的个性。趣味中心不仅是视觉欣赏的焦点，也是画面构成的中心。各种表现理念围绕趣味中心展开，图面中"简""繁"的相互衬托，"明""暗"的对比，"主""次"的明确等均应该围绕趣味中心去体现（图 2-31、图 2-32）。

近景

中景

远景

整个构图

图 2-29 近景、中景、远景构图

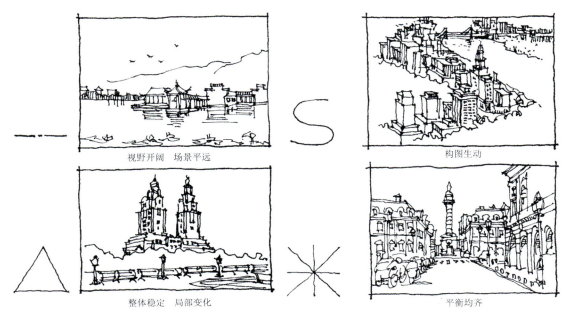

视野开阔 场景平远

构图生动

整体稳定 局部变化

平衡均齐

图 2-30 构图结构

图 2-31 趣味中心的表现

图 2-32 趣味中心的选择、比较

（3）除了表现主体以外，其他处于从属位置的景物在数量上要有节制，在位置上要精心安排，切不可喧宾夺主。另外配景不必一定来源于取景框之内，现场其他的景观小品或其他表现图上的配景，甚至是作画者自己创造的配景，只要能为趣味中心服务都可以"借"来一用（图 2-33）。

不在实景之中，而是从实景附近取来的景物

加上附近借来的景物，实景的速写效果增强了

**图 2-33 配景的补充**

## 三、对比

"红花还需绿叶衬"，如果主体和配景用同样的笔墨描绘，无论主体描绘得多么细致，也会被淹没在周围的配景中。我们可以通过主体和配景的对比来突出主体，如简繁对比、光影对比、面积对比、虚实对比、动静对比、轻重对比、色调对比等。无论是素描的形式还是色彩的形式，或者是黑白的画面，运用明暗对比等方式，都能使人很容易注意到画面的趣味中心；无论是黑色对比中的白色还是白色对比中的黑色，都能更有效地烘托原来的黑色或白色，使趣味中心的视觉冲击力更强（图 2-34）。

**图 2-34 图面黑白对比**

## 四、视觉引导

趣味中心一般在中景部分，远景和近景在烘托中景主体之余还要想方设法将观看者的视线引导至主体。

远景中天空的线条、云朵的走势、山体的轮廓等，都要自然地倾向于主景——趣味中心。前景中的树、人、小品、地上的阴影也不是随便设置的，而要为了引导观赏者的视线指向趣味中心（图2-35）。

图2-35 视觉引导 杜心

## 技能拓展

### 不可不知的透视技法

透视学是绘画、设计等视觉艺术的一门基础技法理论学科，它从理论上解释了物体在二维平面上呈现三维空间的基本原理和规律。扫码学习透视基础知识以及不可不知的三种素描透视法。

透视基础知识

不可不知的三种素描透视法

##  本章小结

本章分别从线条、色彩、透视和写生等方面，介绍了环境艺术设计手绘的基本技能或技巧，有助于学生奠定扎实的手绘表现基础，更好地进行环境艺术设计手绘表现。

## 思考与练习

试用不同的透视方法对同一建筑进行手绘表现。

# 第三章 | 不同绘图工具的表现技法

**知识目标**

　　了解不同绘图工具进行手绘表现的特点、步骤及注意事项。

**能力目标**

　　熟练掌握不同绘图工具的表现特点和步骤。

## 第一节 铅笔的表现技法

### 一、普通铅笔

　　在手绘表现中根据对象形状、质地等特征，有规律地组织、排列铅笔的线条可绘制出理想的效果。铅笔手绘表现不同于素描中调子的反复叠加、修改，在作图前需要明确表现过程中的重点、明暗、从弱到强逐步加深的步骤。通常在铅笔表现技法中应用 4B 以上的软铅笔，尽量不使用橡皮（图 3-1）。

图 3-1　铅笔手绘表现　单鹏宇

## 二、彩色铅笔

彩色铅笔包括普通彩色铅笔和水溶性彩色铅笔。

（1）普通彩色铅笔的铅芯为蜡质，表面光滑而无法着色，所以存在暗部不够暗的现象，此种技法不适用于大幅面的手绘表现，但蜡质的彩色铅笔可以绘制出凹凸有致的肌理效果，一般可以与其他技法配合使用。

（2）水溶性彩色铅笔是手绘表现中最常用、最普遍的工具。水溶性彩色铅笔颜色溶于水，既可以单独表现素描调子，也可以根据需要加水渲染形成质感的变化，产生水彩的韵味。

彩色铅笔的手绘表现方法如下：

（1）在手绘表现时通过改变彩色铅笔的力度，可使色彩的明度和纯度发生变化，产生渐变的效果，从而形成多层次的表现效果。

（2）由于彩色铅笔具有可覆盖性，因此在控制色调时应先采用单色整体笼统地表现一遍空间，然后再逐层上色进行细致刻画。

（3）纸张的选用会直接影响图面的表达风格，在粗糙纹理的纸张上可传达一种粗犷、豪放的感觉，在平整细滑的纸张上则会产生一种细腻、柔和的意境（图3-2）。

图3-2 彩色铅笔手绘表现 张国强

## 第二节 钢笔、针管笔的表现技法

钢笔、针管笔也是手绘效果图表现技法中最常用的工具。钢笔包括普通钢笔、美工钢笔和中性笔等；针管笔包括注入墨水式针管笔和一次性针管笔。虽然钢笔与针管笔的使用方法有一定区别，但是二者在手绘效果图中的表现技法是相近的。

钢笔、针管笔画的线条明确、肯定、严谨，笔误不易修改。通过线条的组织与排列来塑造形体的明暗，追求空间的虚实变化；通过线型的刚、柔、粗、细的组织可表达不同的材质；通过线或点的方向与疏密的变化，按照空间界面的转折、结构关系画出黑、白、灰三个基本色，可体现画面的空间感、层次感、质感与量感，使画面具有很强的视觉冲击力。用钢笔、针管笔线条的疏密来表现大幅图有一定的困难，在实际绘图中应与淡彩、彩色铅笔、马克笔等结合起来使用。

　　钢笔、针管笔的手绘效果图表现技法可分为构思草图表现、设计速写表现及效果图精细表现。

## 一、构思草图表现

　　构思草图表现就是快速地记录下设计思维当中闪现出的肯定与否定的过程，其图面效果蕴含着设计创作的原始性，是更接近于设计师内心思考的设计表达。构思草图多为徒手表现，色彩一般起到提示和区分空间的作用。虽然草图以概括的手法将设计构思图形化，在表达设计思想上最为快捷，但"图草心不草"的徒手表现特性要求设计师能够准确地勾画出物体的基本造型及尺度，严谨推敲的设计过程可充分体现出创作过程中的设计激情（图3-3）。

图3-3　勾线笔、彩铅、马克笔构思草图上色表现　张国强

## 二、设计速写表现

　　速写是设计师必不可少的基本功，是绘画的基础，是培养造型能力和形成艺术审美的重要手段。设计速写有别于纯艺术绘画速写，普通的速写练习方法不能达到职业设计师的要求，设计师需要在捕捉设计对象形态时，时刻以一种理性的速写思路，着眼于对象的空间关系，表现出场所的内在结构、平面布局等一系列专业的画面。设计速写表现可培养设计师的徒手画功底，使其在方案设计的过程中能准确、生动、快速地表现出设计意图，并使作品更具艺术气质（图3-4）。

## 三、效果图精细表现

　　效果图精细表现一般是在设计比较成熟的阶段或设计完成后用于展现设计成果。用钢笔或针管笔做效果图精细表现，其技法有别于设计速写表现和构思草图表现。钢笔表现要求有严格、准确的透视，线条或明暗讲究细腻、严谨；而速写和草图的运用更自由活泼，画面具有偶然性。钢笔、针管笔的表现方法大致有三种：素描画法、线描画法、线条和明暗兼有的综合画法。

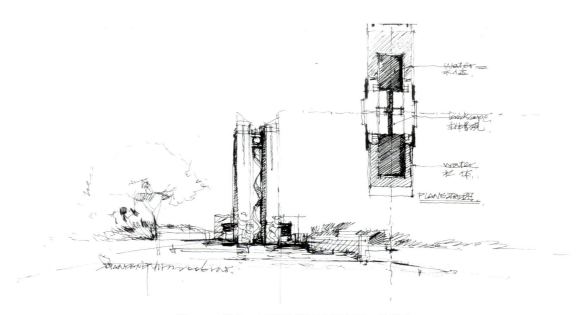

图 3-4　钢笔、针管笔设计速写表现　单鹏宇

### 1. 素描画法

素描画法是以表现明暗关系为主的画法，通常以各种线型或点的方向、疏密的不同画出黑、白、灰三个基本色，体现形体的明暗和虚实并塑造体积感和空间感。素描画法较写实，画面层次更丰富；针对不同材质可采用不同的线型来表现质感；线条的组织排列讲究规律，以体现形式上的节奏和韵律（图 3-5）。

### 2. 线描画法

钢笔、针管笔最基本的表现技法是画线和组织线条。线描画法类似于国画中的白描，用线条勾勒形体的轮廓，忽略明暗关系，但点、线、面等画面的基本元素依然存在，并讲究结构与线条及笔画间的相互关系。线描画法运笔要放松且肯定，力求线条的流畅和形状的整体，一般按从前至后、由外到内的顺序勾线，使线条不交叉、轮廓不重叠。线描图也经常作为淡彩、马克笔、彩色铅笔、水彩等着色表现图的线稿底图（图 3-6）。

### 3. 综合画法

在实际应用中，多数钢笔、针管笔单色表现采用线条和明暗兼有的综合画法。先用线描画法勾勒形体，再排线或加点画出明暗关系和虚实变化（图 3-7）。

图 3-5　钢笔、针管笔效果图精细表现——素描画法

图 3-6　钢笔、针管笔效果图精细表现——线描画法

图 3-7　钢笔、针管笔效果图精细表现——综合画法

钢笔、针管笔表现就其工具的性能而言，适宜篇幅较小的画面，徒手的针管笔画或钢笔画，线条流畅、活泼，画面生动。如果采用辅助工具，则线条更清晰、规整，整幅画面细腻、严谨。在环境配景中可以根据需要在写实的基础上作适当的夸张和变形；概括、抽象画面中黑、白、灰的关系可以使作品更具有图案感或装饰风格。

## 第三节　马克笔的表现技法

马克笔是效果图手绘表现中最常用的工具之一，它着色简便、笔触生动、色彩丰富，表现力强，风格豪放，成图迅速，深受设计师的喜爱（图 3-8）。

马克笔的选择

马克笔技法演示

图 3-8 马克笔手绘表现 单鹏宇

马克笔有水性和油性之分，笔头有扁头和圆头两种，扁头的正面与侧面宽窄不同，在绘图时可根据表现需要发挥笔触变化的特点，构成不同的表现风格。

马克笔用纸十分讲究，不同的纸可以获得不同的明暗和光影效果。对于初学者来说，复印纸是最经济实用的，其表面光滑，易于手绘表现。

马克笔上色是通过笔触排列、叠加而产生丰富变化的，分徒手与工具两类，应根据不同场景与物体形态、质地以及表现风格来选用。马克笔的表现步骤如下：

（1）绘制之前用拥有的马克笔在白纸上做出一张色谱，以便于在绘制时作为参考色标。由于马克笔的颜色在干后色泽不会改变，因此在练习中木制家具、植物等的常用色彩可选用固定颜色的马克笔。

（2）用铅笔构图，然后用钢笔或者针管笔将图中的结构线、明暗、光影表现出来，等墨线完全干后再用马克笔进行上色，防止线条变浑浊。

（3）运用冷灰色或暖灰色的马克笔确定图中基本的明暗调子，上色时注意暖色与暖色系列的叠加及冷色与冷色系列的叠加，冷暖色彩叠加的画面颜色易脏。

（4）马克笔运笔的快慢会产生不同的笔触感和虚实变化。在运笔过程中，用笔的遍数不宜过多，在第一遍颜色干透后，再进行第二遍上色，而且要准确、快速，否则色彩会渗出而形成浑浊状，缺少马克笔的透明感。

（5）马克笔表现的笔触大多以排线为主，要有规律地组织线条的方向和疏密，形成统一的画面风格。排笔、点笔、跳笔、晕化、留白等方法可灵活使用。

（6）马克笔颜色不具有较强的覆盖性，淡色无法覆盖深色。所以，在上色的过程中，应该先上浅色而后覆盖较深重的颜色。并且要注意色彩之间的和谐，忌用过于鲜亮的颜色，以中性色调为宜。

（7）单纯地运用马克笔难免会留下不足，所以，应与彩色铅笔、水彩等工具结合使用。有时用酒精再次调和，画面上会出现神奇的效果。

（8）用钢笔和彩色铅笔调整画面，对细部和大的色差过渡进行强化和调节。

## 第四节　水彩水粉的表现技法

### 一、水彩的表现技法

　　水彩表现技法要求在水彩纸上先用铅笔勾画出草图，透视底稿完整准确。着色时画板倾斜放置以便于颜料向下自然流淌，用大号的毛笔从大面积区域着手施色进行渲染，一般是由浅到深、由远及近、先整体后局部的绘制过程。由于水彩画的覆盖力弱，所以调和的每一种颜色要稀淡一些，预先留出高光和亮面，进行颜色的多遍渲染，不可用厚颜色进行平涂，以防止画面出现闷、脏和乱的现象，最后用黑色或较重的颜色进行效果强化和细节刻画。用水彩技法表现时不但要熟练运用其表现技法，还要符合表现图细致、精确的要求（图3-9）。

　　水彩的常用表现技法有平涂法、退晕法和叠加法。

　　（1）平涂法主要表现天空的渲染、线描淡彩等。作图时把画板略微倾斜，以调好的水色用大号笔沿水平方向运笔着色，趁湿衔接，同一颜色从头到尾深浅不变地渲染。

　　（2）退晕法主要表现顶棚、地面、墙面的远近变化以及结构的光影变化。作图时画板倾斜，用水色在上部先以平涂的方式着色，平涂后在下方加水，使色彩在深浅上有均匀的变化。

　　（3）叠加法主要用来表现圆柱、弧形墙体上同一种色彩不同层面的效果，变化丰富。作图时画板平放，将画面明暗光影分条，用同一浓淡的颜色平涂，逐层叠加使色彩渐浓，图面颜色最深的地方等颜色变干后再进行平涂，以达到要求的彩度。

水粉技法演示

### 二、水粉的表现技法

　　水粉的表现技法是以水为调和媒介，用色的干、湿、厚、薄来丰富画面效果。水粉在表现效果图时先画背景，后画主体建筑，最后画植物、人物等配景。按照先远后近、先湿后干、先薄后厚、先深后浅、先整体后局部的顺序渐次深入。水粉可以绘制幅面较大的效果图，在表现上既有油画的厚重，又有水彩的流畅，可以对局部细致刻画，塑造形体的分量感，从而达到逼真的物像效果。水粉是用白色来提亮局部和高光的，掺入其他颜色中可调整深浅变化，所以颜色在由湿到干的过程中会有明度的变化，容易出现画面"脏""粉"等现象（图3-10）。

　　水粉采用厚画法与薄画法相结合的方式进行手绘表现。

图3-9　水彩表现

图3-10　水粉表现

（1）厚画法（干画法）。运用厚画法表现的对象具体实在，笔触强烈、明快，体积感和塑造感很强，刻画物象具体生动，有较强表现力。在表现时一般用铅笔起透视稿，先湿画后干画，先暗部后亮部，先用湿画法处理暗部及背景，然后近景和亮面的地方厚画，用以虚衬实、以弱衬强的手法，增强画面的艺术效果，做到画面和谐而富有艺术感染力。

（2）薄画法（湿画法）。在水粉表现技法中薄画法的表现迅速、笔触感强，值得提倡。表现时可以用铅笔直接起透视稿，也可以用钢笔勾线，要求透视线稿结构清晰、准确，最好将正稿裱贴在画板上。薄画法的效果与水彩近似，图面着色时色彩较薄，透视线稿显露以便于细部表现。对暗部的处理可通过水粉笔或尼龙笔的正、侧笔锋笔触的变化，将普蓝色与深红色相加调和成深色的色调作为暗部基色。对亮部的处理可以用在水彩表现中大量留白的方式。薄画法是通过水的多少来调整明度变化的，不要用白色或黑色来调整其变化，否则易出现"粉""灰"等现象。

## 第五节　彩色铅笔的表现技法

彩色铅笔使用简单方便，技法容易掌握，难度小，很少出现不易控制而画坏的情况，常常用来画设计草图和初步方案图。一般使用彩色铅笔绘制时宜选用质地较为粗糙的纸张，这样附着力强，可以把色彩画深，否则容易出现色彩灰弱的情况。彩色铅笔分油性和水溶性两种类型，水溶性彩色铅笔遇水可以产生类似水彩一样的效果（图3-11）。

一般在使用彩色铅笔时有两种技法：一种是整齐排列线条，讲究线条排列的疏密、方向等秩序感，塑造出形体明暗关系；另外一种是平涂成色块，不露笔触。与铅笔表现技法一样，彩色铅笔使用时力度不同可以产生深浅不一的效果。另外，不同色彩色铅笔颜色叠加覆盖可以产生色彩调和的效果（图3-12）。

图3-11　水溶性彩色铅笔效果　　　　　图3-12　彩色铅笔景观效果图表现　杨喜生

　　为了绘制时不破坏轮廓，可以用一张纸沿轮廓盖住不需要画的部分，画完后拿掉，以形成整齐的边缘。

　　在水彩、马克笔等效果图制作后期，常用彩色铅笔来补充不足、加强主体、表现细部、追求质感等。

## 第六节　综合工具的表现技法

　　综合工具表现技法建立在对各种表现技法的深入了解和熟练掌握的基础上，可以根据画面内容和效果，以及个人喜好和熟练程度来决定各种技法的结合与表现。例如，彩色铅笔和马克笔表现，马克笔与钢笔淡彩表现，钢笔淡彩与彩色铅笔表现，彩色铅笔、马克笔与薄水粉表现，喷笔与针管笔表现等。随着计算机技术的普及，手绘效果图与计算机技术相结合的表现方法也开始出现了（图3-13、图3-14）。

　　通过实践熟练掌握不同的表现技法的最终目的都是传达设计构思、表现设计效果，但应注意，不要让表现技法成为设计表达的束缚。

图3-13　综合工具表现　钢笔＋计算机

图 3-14 综合工具表现 中性笔 + 彩色铅笔 + 马克笔

## 技能拓展

**记住这些，你的钢笔淡彩才能"活"**

钢笔淡彩属于彩色钢笔画，是钢笔画中比较流行的一种绘画形式。扫码学习钢笔淡彩的技巧和注意事项。

记住这些，你的钢笔
淡彩才能"活"

## 本章小结

本章分别介绍了铅笔、钢笔、针管笔、马克笔、水彩、水粉、彩色铅笔等的手绘表现技法，有助于学生掌握不同工具的表现步骤和特点，并选用合适的工具进行手绘表现。

## 思考与练习

试运用两种以上的绘图工具进行手绘表现训练。

# 第四章 室内空间设计手绘表现

### 知识目标

了解室内空间的不同要素，以及不同功能室内空间的手绘表现特点、技法、步骤及注意事项等。

### 能力目标

能够综合运用各种表现技法进行室内空间设计手绘表现。

室内空间设计手绘表现的形式多种多样，每一种表现形式都凝聚了人们的智慧和艺术创造的灵感，都具有很高的审美价值和表现的独特性。本章将从室内空间各构成要素的材质和手绘表现技法等方面加以介绍，以便读者在实践中能根据需要选择恰当的表现方法。

## 第一节 室内空间配景要素的手绘表现

### 一、绿化的手绘表现

绿化是手绘表现图配景的一部分，其主要作用是衬托主体物，同时也是为了营造空间环境的氛围。尽管配景不是表现图所要表现的重点内容，但它可以辅助调整画面效果，增强画面的表现力和亲和力。

在室内空间手绘表达的设计构思和构图中，一量的绿化配置是现代人们追求自然的表现，绿化的布置可根据不同的空间要求采用不同的布置方式。手绘表现中的绿化主要作为主体物的装饰与陪衬出现，从构图方面来说，近景植物通常设置在画面四角或两边，这样可以缓解画面的不均衡感，使画面构图保持协调。同时还可以强调近景、中景、远景的空间层次关系。

绿化的种类繁多、形态各异，需要进行一定的演绎变化并使之融入画面。在用色上，绿化未必都用绿色系，可配合用纸或整体画面色调及主体意境而灵活选定，图4-1所示为几种常见的绿化表现实例。

图 4-1　绿化的手绘表现

## 二、室内空间装饰性陈设的手绘表现

在室内空间中，装饰性陈设可以产生怡人的效果，在室内设计表现图中经常出现的陈设，如陶瓷、雕塑、珠帘、壁挂、美术作品、印刷品和照片等，不仅能够丰富画面，还能够提升美感，丰富设计语言，同时也可以提升空间的格调，使环境变得丰富有趣。艺术陈设品在室内设计中是不可缺少的，它往往起着画龙点睛的作用，在不同程度上传递着文化艺术信息，同时也能够活跃空间气氛。其材料多种多样，绘画方法也不尽相同，下面就介绍几种常见的装饰性陈设的手绘表现方法。

1. 油画、印刷品、照片的常用表现

首先可以使用马克笔绘制相框及图像基色，然后加入细节信息，切记不要将其内部细节表现得过于突出，用单色带过即可（图4-2、图4-3）。

图4-2　装饰画表现

图4-3　照片表现

2. 花瓶等瓷器的常用表现

在进行此类陈设的表现时，可以先用灰色系表现出陈设物品的体积感（即物体的黑白灰关系），然后用陈设物品的固有色进行表现，最后要适当地加上环境色彩。要特别注意的是，在用固有色进行表现时一定要采用相近色系的色彩协调搭配，对比不宜过于强烈（图4-4、图4-5）。

3. 小型雕塑的常用表现

用钢笔、针管笔等绘图工具简洁、生动地绘制出雕塑的外形轮廓，然后用灰色系表现雕塑在环境中的体量感，再采用雕塑本身的固有色填充在其中艰涩的位置，同时还要适当地加上环境色彩，这样就既可以生动地表达出雕塑本身的造型，又不影响空间主体的表达（图4-6）。

图4-4　瓷碗表现

图4-5　花瓶表现

图 4-6 雕塑表现

## 三、灯具及光影的手绘表现

　　在空间环境中，大到公共场所，小到某一个家庭，都会受到灯具及光影的影响。室内手绘表现中也是通过对灯具和光影的描绘，增强物体的空间感和立体感，并营造出特有的氛围和意境。一般来说，灯具的表现有其造型结构及色彩质感即可，不需要刻画得太具体，重要的是要突出亮度和质感，突出其光影效果（图4-7、图4-8）。

图 4-7　落地灯表现　　图 4-8　床头灯表现

## 第二节 室内空间家具的手绘表现

在室内设计中，家具陈设决定着空间的功能，家具的造型和色彩直接影响着空间的格调，对空间氛围的营造及视觉的传达具有很大的影响。室内陈设的描绘与空间界面及装饰材料的表现是表现图中重要的构成因素。家具的表现首先要把握体积和结构，家具有太多的细节，如果过度地关注细节则容易失去整体的厚重感。

质感是任何材料都具有的"神"态和气质，千差万别的材质表面呈现出不同的色彩和肌理，在光的作用下会产生不同的光感效果，形成不同的色彩关系。从表面的触感效果出发，我们将室内空间中的家具分为皮毛纺织制品、木材制品和玻璃金属制品三类来介绍其各自的手绘表现技法。

### 一、皮毛、纺织品的手绘表现

沙发和床的特殊质感、纹理、图案的表现，可使画面更加生动。

#### 1. 沙发的画法

沙发的形态和样式分为传统的和现代的两种，材料有布面、皮革和藤制等。沙发的手绘表现可以根据不同的质感运用不同的画法。布质沙发的面质淳朴、雅致，可在画出整体基调后饰以花纹，最后进行造型调整；皮制沙发面质紧密富有光泽，可根据造型的不同，利用笔触的衔接加以塑造，待颜色干后再勾画出高光和缝隙（图 4-9、图 4-10）。其具体步骤如下：

图 4-9 沙发表现

室内设计优秀作品集锦

图 4-10 沙发表现

（1）起稿。画沙发的透视要注意其尺度和比例，无论沙发的形态有多复杂，其尺度和比例都是不变的。起稿先从大的几何形开始逐渐切分画小形，画小形透视时用笔要参照大几何形的透视线，大形准了小形才能准；勾线要流畅、生动，用线的顿挫和急缓来表现结构的虚实；可以从投影和物体的明暗交界线处往暗部排线条，加强体积关系和空间关系。

（2）着色。着色时要注意分三大面，根据其固有色选出暗部的颜色，从明暗交界线往暗部排笔触，不要涂满，要留有反光，再用较浅的颜色或彩色铅笔上调子。这样既透气又有变化，加强了光感和体积关系。灰面略施颜色并找些笔触变化，朝上的亮面要空出，最后稍微着点色即可。

（3）画局部和投影。画靠背和扶手都要考虑与光的联系，分大面并画出投影。物体和地面相间的投影，色彩一定要重，这样才能既增加物体的分量感又起到衬托物体色彩的作用。

2. 床的画法

在居室设计中，卧室空间和客厅空间同等重要，所以在卧室的设计中，对其功能性和舒适性的要求是很重要的。然而床体的设计与表现显得更为重要，一般在床体的表现中应充分考虑到其结构、功能、材质及造型的综合表现（图 4-11）。

图 4-11 床体表现

## 二、木制品的手绘表现

木制品需要重点表达的是色彩和纹理，色彩需要柔和，纹理需要自然。在绘制木制家具时，用笔不必过多，寥寥几笔足以充分表达木材的质感。

木纹既有一定的规律性又富有变化性，相邻的纹路有彼此呼应和近乎平行的关系，纹路不可能出现交叉和混乱。纹理之间要有疏有密，纹路的走向也要有变化。木纹一般是很细腻的，因此用笔一定要轻淡，与轮廓线要有区别。在阳光下的木纹一般较细淡，在阴影处可用较重而密的纹理以达到暗的效果。木制桌椅也是室内手绘效果图中最常表现的家具之一，其结构轻巧、造型优美、尺度合理，对补充画面效果能起到很好的作用。桌椅形式多样，表现时要着重注意桌椅下面的投影，其大小一般和桌椅长宽一致，投影色彩不宜过重并要略有笔触变化（图 4-12）。

图 4-12 木质表现

## 三、玻璃、金属制品的手绘表现

为了使具有反光表面的物体的手绘表现更加真实，应该采用明度较低的颜色。同时，光影的表现可使玻璃、金属制品更具立体感（图 4-13）。

### 1. 茶几及其倒影的画法

无论何种材质的茶几台面和地面，只要是光滑的，在一定角度看上去都会反射出远处物体的倒影。在倒影用色上一般选择比物体固有色略灰或略深、略浅的颜色。在用笔上要注意以下四点：一是用笔方向必须上下垂直；二是笔触要有宽窄变化；三是笔触要有疏密变化；四是笔触要有深浅变化。

图 4-13　茶几表现

画近处物体的倒影时，用色上要考虑地面固有色和物体固有色。在用笔上，应先把笔端侧一下，顺着物体接近地面的转角或边缘由上向下垂直用笔，而后把笔正过来，用宽笔触以笔触宽窄变化由上向下排列，此画法会给人以上实下虚的感觉。

2. 不锈钢和金属制品的画法

金属有抛光和亚光质感。抛光金属具有很强的反射性能，可以清晰地反射环境中的物象，并有亮度很强的高光点。在表现上用冷灰色画出物体的体积关系，而后画出周围环境的影子。因其反射性强，所以深色很暗，浅色很亮，要顺着结构走向用笔，最后点画出高光。亚光面的金属材料反射光的能力比较弱，没有很亮的高光聚点，对环境色的反射不明显（图 4-14）。

图 4-14　金属材质表现

## 第三节　室内空间界面的手绘表现

室内空间由三个平面构成——地面、墙面和顶棚，它们都有其特有的材质、要素、装饰、纹理以及反光方式。

### 一、墙面的手绘表现

建筑物的墙面可分为大面积的玻璃墙面（玻璃幕墙）、大面积的小窗、实体墙面、水平条形窗等。玻璃墙面重点注意其光影的表现，实体墙面则应该注意其本身体量的质感表现。

在处理墙面的时候，应该处理成淡色调，颜色比较微弱，因为墙面是整个居室的背景，如果墙面颜色强烈而且对比鲜明，就会与整个屋子及其中的建筑分散人的注意力。在绘画时，将浅淡的墙面颜色加深，比将颜色强烈的墙面的效果处理得暗淡一些更容易。

1. 砖墙

砖墙是一种常见的墙面材料，反光较弱，色彩多为橘红色、蓝灰色、白色等（图4-15）。

2. 石块墙

石块墙体类型很多，但基本上可分两大类：一类是砌法比较规整的块石墙；另一类是乱石墙。石块墙手绘一般可分为三步：先做统一墙面色调退晕，从明到暗；再描绘每块石块，留出高光，画出阴影，推敲颜色变化及虚实变化；最后画出部分石块的影子（图4-16）。

图4-15　砖墙手绘表现　　　　　　　　　　图4-16　石块墙手绘表现

墙体的绘制从质地状况来分有坚硬或者柔软、粗糙或光滑两类。材料的物理性能仅代表其属性，也就是常讲的质地内在特征。材料的粗糙或光滑程度及其纹理，更能够彰显其性格。为了创造良好的室内外环境，可以通过各种材料的合理搭配，塑造具有个性的室内氛围和环境设计品位。我们在绘制表现效果图时，应该准确而生动地运用笔触，进行一定的归纳和演绎来表现各种材料的质地特征，使效果图画面的材质表现更逼真、更直观，在一定程度上加强手绘效果图的表现力和艺术感染力。

3. 玻璃幕墙

常用的玻璃有镜面、透明、磨砂、刻花、热融等各种工艺类型。除磨砂玻璃外，其他玻璃的反光性能都比较强。玻璃幕墙手绘表现通常是先画出玻璃后面的景物，后画玻璃上环境的影子和亮光点（图4-17）。

图4-17 玻璃幕墙手绘表现

## 二、地面的手绘表现

1. 木质地板

在表现地面效果时，最基本的就是要表现出地面的纹理、颜色以及光照和反光效果。在绘制木质地板时，常使用沙色、浅棕色，中间穿插使用赭石棕色马克笔，并且按照辅助线的方向为木质地板填充基色。最后加入散射的阴影和反射效果，在这一步骤中，要使用土色的彩铅，为桌子和椅子下方的阴影上色，使用白色铅笔绘制窗户的反射效果，与光源距离越近的地方反射效果应越强（图4-18）。

图 4-18  木质地板手绘表现

## 2. 地毯

对于地毯的手绘表现，首先要绘制出地毯的外围轮廓；然后绘制地毯的基色，在这一过程中，若地毯带有花纹，要先绘制出地毯的花纹，地毯内部要用其固有色由浅至深绘制；最后用同色系较深颜色的绘图工具为花纹和边缘的暗部区域上色，用两色勾勒地毯的纹理和质感，显示一种带有绒毛的效果。

地毯是一种古老而又时尚的地面装饰材料，它是具有使用价值和观赏价值的纺织品，在室内设计中应用非常广泛。花色比较丰富，有弹性和厚重感，表现时可根据具体环境的风格气氛加以渲染，以丰富和活跃环境气氛。效果图中表现地毯多用轻松、流畅、概括的笔法，与墙面、家具硬质材料形成张弛对照，地毯图案刻画不必过于具体，但图案的透视变化务必精确，否则会影响整幅画面的空间稳定感（图 4-19）。

图 4-19  地毯手绘表现

### 3. 石质地面

（1）水磨石地面。水磨石地面颜色丰富，图案复杂、醒目，通常有些反光。其手绘表现的具体步骤如下：绘制水磨石地面的边缘轮廓；使用马克笔为水磨石上色；使用铅笔进行渐变上色；在水磨石地面上加入小石子的效果（当一个区域中石子的颜色显著不同的时候，需要加入这一效果）。对于地面的中心和最外围的灰色区域，使用白色铅笔的笔尖加入点状的石子效果；使用白色树胶水彩加入反射效果；使用长头笔刷的侧面加入淡淡的颜色，勾画图案；使用005针管笔重点处理视点附近的区域（重新勾画边界轮廓）（图4-20）。

图4-20　水磨石地面手绘表现

（2）抛光大理石地面。在绘制效果图时，通常都是最后绘制地面，尤其是具有反射性的地面。因为在表现反射效果的时候，设计师可以了解地面应该反射哪些颜色。大理石与花岗岩经过抛光表面都很光洁，与花岗岩相比大理石密度小，硬度也低，在光亮度与耐磨损方面都比不上花岗岩。其手绘表现的具体步骤如下：为石质地面上色；加入反光和阴影效果；在绘制抛光石质地面时，反射效果应该清楚一些，应用硬质铅笔轻轻描画。抛光的地面会反射周围景物的颜色，但是所成的像比真实景物暗很多；加入石块的纹理，上色，绘制石块的接缝（图4-21）。

### 4. 花砖地面

铺制地面的花砖在材质、颜色以及磨光等方面种类繁多，从乙烯质地到陶瓷质地，从不光滑的到抛光的都有。在绘制设计图纸的时候，可以使用之前所介绍的技巧绘制各种材质的花砖地面，例如，当你需要绘制陶瓷质地反光的（不是抛光）花砖地面的时候，可以使用与表现水磨石地面类似的方法，向图中施加光亮效果（图4-22）。

图4-21　大理石地面手绘表现

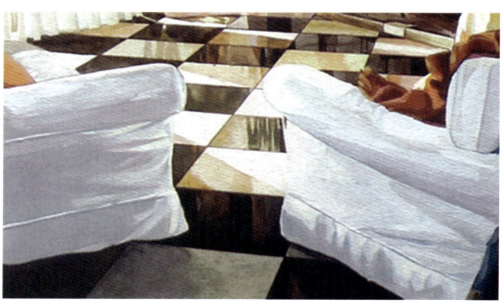

图4-22　花砖地面手绘表现

手绘花砖地面的步骤为：用铅笔绘制地面上花砖的布局样式；使用马克笔上色；使用彩色铅笔为图纸上色；加入光亮效果；为前景中的花砖修整边缘。

### 三、顶棚的手绘表现

在手绘表现顶棚时，如果要表现顶棚上安装的射灯的灯光效果，顶棚的颜色要比光源的颜色暗很多。在表现时，首先快速绘制出光照场景的草图；在顶棚上绘制渐变的阴影效果，在墙面上勾画出被光照亮的区域；使用铅笔绘制光照的效果；最后加入高亮的反光点（图4-23）。

图4-23　顶棚手绘表现

## 第四节　不同功能的室内空间的手绘表现

在室内效果图手绘训练中，必须注意三个问题：一是注意室内空间表现中的前距、中距、后距，纵深空间的距离感及左右墙面、地面、顶棚的界面综合，并保持一致的协调感；二是注重室内各种物体材质及其体积塑造表现，要注重画面塑造中心；三是一幅成功的手绘表现图一定要有其特定场所的特有气氛，只有这样才能准确地表现出设计师的创意。在色调的明度表现上，深的部分与倒影或反光部位可重复加深，这样可以很好地控制暗部的着色。在室内空间过渡界面的推移中，可以用横向和竖向的空间处理手法。在绘制亮部时，多选用明调子的颜色，如在表现简洁、现代风格的手绘效果图时，色彩过渡不宜过多，否则就很难把色彩的整体协调感。特别要注意的是色彩表现中一个色系与另一个色系的衔接，以及它们的平衡感、整体感，以免出现单调及不和谐的画面。

### 一、家居空间的手绘表现

家居空间通常包括客厅、卧室、餐厅、卫生间等。对于家居空间的手绘表现，构图时应遵循均衡原则。家居空间采用一点透视表现时，应处理好几个空间界面与家居布置的均衡性和灵活性问题。因此，我们可以采用成角透视来打破对称的家居布置带来的呆板格局（图4-24、图4-25）。

### 二、办公空间的手绘表现

在表现办公空间时，应充分运用色彩的装饰性，以打破办公空间中单一办公设备带来的沉闷。但是要特别注意的是，在色彩的运用上要适可而止、恰到好处，既能够活跃空间，又能够体现出不同办公空间特有的企业风采和办公氛围（图4-26、图4-27）。

**图 4-24　家居空间手绘表现（一）**

**图 4-25　家居空间手绘表现（二）**

**图 4-26　家居空间手绘表现　张国强**

图 4-27　家居空间手绘表现　张国强

## 三、商业空间的手绘表现

商业空间在构图上不宜过度杂乱，要凸显商业空间的主题和重点（图 4-28、图 4-29）。

图 4-28　商业空间手绘表现　牛超

图 4-29　商业空间手绘表现　夏彩虹

## 技 能 拓 展

### 教你绘制室内装饰线稿

　　线稿训练是手绘表现不可或缺的一个重要环节。扫码学习室内装饰线稿绘制步骤及家具线稿表现。

教你绘制室内装饰线稿

家具线稿表现

## ◉ 本章小结

　　本章简要介绍了室内空间各构成要素的手绘表现技法，并分类讲解了不同室内空间的手绘表现注意事项，有助于学生系统了解室内空间设计手绘表现知识，并针对性提升手绘技能。

## ◉ 思考与练习

　　试对不同功能的室内空间进行手绘表现训练。

# 第五章 | 室外空间设计手绘表现

### 知识目标
了解景观表现的构成要素，熟悉不同类型室外空间的手绘表现要点及注意事项。

### 能力目标
能够综合运用各种表现技法进行室外空间设计手绘表现。

## 第一节 景观构成要素手绘表现

景观是由多个实体和虚体空间构成的，每一种空间又由许多可视的、物化的、不同形态质地的元素组成，并产生某种联系。景观的构成元素主要有植物、山水、构筑物、小品及人物、车辆等，每一种构成元素由于其特性不同，在作品中的表现要求也不一样。所以，对其进行单项表现训练，有助于理解各项元素，以便于在画面中合理安排、深入表现。

室外环境设计要素——
植物的种类图例

### 一、植物的手绘表现

植物作为景观中的重要配景元素，在园林设计中所占的比重是非常大的，是园林景观中四大要素之一。另外，植物的表现也是透视图内容中不可缺少的一部分。

在景观设计中运用较广的植物主要分为乔木、灌木和草本植物三类。每种植物的生长习性不同，造型各异，高矮也参差不齐。因为植物画得好坏直接影响到画面的优劣，所以很多大师都始终把植物表现作为景观绘画的重点。

1. 树

树是植物手绘表现的重点和难点，其表现方法主要有两种：白描法和影调法。白描法是中国画惯用的表现手法，主要运用单线将树干、枝、叶以及树的整体形态勾画出来。而影调法则比较注重光影的变化，能够较好地塑造树的体积和形态。这两种表现方法各有特色，白描法真实而生动，影调法则饱满真实。很多景观设计师和插图师常常将这两种方法结合起来进行手绘表现。

　　树的种类繁多，画树之前应对所要表现的树进行全面了解，观察枝干走向、树叶形态以及季节颜色的变化。自然界中的树可分为根、干、枝、梢和叶五部分，其中树的外轮廓最能体现树的特征。从树的形态看有球形、伞形和三角形等（图5-1），树枝分为曲枝、缠枝、挺枝等形态。

　　自然界中树木的枝干是向四周呈放射状生长的，不仅有左右伸曲、仰俯，而且大枝和小枝前后互相穿插，体态优美。具体绘制时可以运用圆柱体的概念去观察树木不同的位置和方向，以推导出一定的透视关系，从而准确表现树木枝干的结构特征和透视变化（图5-2）。现实中的树叶有"互生""对生"和"丛生"的区别，画带叶子的树应先了解光枝的树（图5-3）。这些特点和方法都是表现树的前提，建议初学者应当到自然界中多观察、多写生。

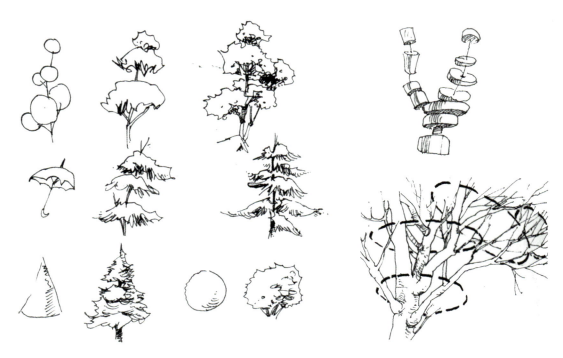

图5-1　球形、伞形、三角形等基本树形　　　　图5-2　树木的圆柱体概念图

图5-3　各种树形无叶和有叶情况的对比

景观表现中的树可分为近景、中景和远景。每个层次的树在表现上各有其特殊要求。如在画中、远景的树时，一般会从整体出发，将树群视为一个整体，然后根据树形将柱形、球形、伞形以各自的穿插关系用光影法表现出来，或者缩略成一片树的剪影。而近景的树就要表现得较为细致，形体结构和明暗变化十分强烈，需将树干、树枝、树叶都表现出来。

2. 花草

花草虽然在整体绿化中属于次要地位，但由于其种类众多，如表现不好会破坏整个画面的效果。花草从种植方式上分类有盆植、片植。一般大型绿化中片植应用较多，容易形成整体效果（图5-4）。在具体表现时，一般用蜿蜒的曲线表现其外轮廓，用光影表现其厚度。如果花草作为前景出现，在整体表现的同时，应尽力将花草形状和枝叶也表达清楚。中景和远景不需要表现过多细节，而以光影表现为主（图5-5）。

图5-4 花草手绘表现图 桑晓磊

中、远景花草

近景花草

图5-5 近景和中、远景花草的画法 单鹏宇

### 3. 灌木

灌木在景观设计中应用也非常多，能有效地规范和围护绿化地带。其造型易于塑造而且容易修剪，深得设计师的喜爱并被大量应用。在对其进行表现时应注意体现造型的立体感和层次感。具体要点如下：

（1）外轮廓线要曲折蜿蜒。

（2）阴影部分不是打直线调子，而是用小碎叶来表现。

（3）受光部零星出现碎叶以示过渡自然。

灌木的表现无论树叶还是灌木花草，其造型都要真实，注意疏密、聚散、开合、呼应等特点，不可以加过多的装饰符号在其中（图5-6）。

**图 5-6　灌木的手绘表现**

### 4. 草坪

草坪在园林景观中形成较广阔的开敞空间，使园林景观具有外向的张力，给人以开阔的视野和舒畅的心情。草坪分为规则式草坪和自然式草坪，可供人们散步、休息、游戏、运动、观赏等。草坪主要用短竖线排列来表现，也可以用连贯的曲线表现，绘制时应表现出近大远小的透视关系和疏密相间的特点（图5-7）。

**图 5-7　草坪的手绘表现**

## 二、天空的手绘表现

与地面一样，天空也是构成画面的主要部分，可以决定整幅画面的色调和整体感觉。天空有着极具变化的一面，可以为景观表现更好地服务，有时表现为阳光灿烂、白云朵朵、晨光当空，有时则表现为阴雨绵绵、暮色苍茫。它的存在，对画面起到平衡的作用，有利于烘托主体、突出中心。

云彩是天空中灵动的音符，可以让碧空有蜿蜒的变化，也让画作变得生动自然，选择好云彩走向能让画面空间感更强。但是不要让云彩过于突出而破坏了画面整体效果。

天空的手绘表现技法（图5-8）：

**图5-8 不同工具的天空手绘表现**

（1）天空作衬景，不能刻画太细，应弱化，应始终为加强其效果而服务。

（2）天空有蜿蜒起伏的形态，不要依据建筑物的轮廓来画，因为天空是一种背景，而不是与建筑物平行的。另外，云彩的走势应该与观赏者的视线一同指向要表现的主体。

（3）当天空颜色内深外浅时有聚焦作用，内浅外深的天空能帮助画面突出主体，适用于非常重的建筑物和非常亮的主体物。

（4）天空接近地平线处和白云中可以增加一些暖色，使天空看起来更真实。

（5）画天空时，白云一般用留白手法来处理。色纸上的白云，可以用白色铅笔和白色水粉来画。

## 三、水景的手绘表现

在中国的古典园林中，山与水并存，浓缩了自然界的精华，自古以来一直被文人墨客所喜爱。现代景观园林中，对于水的处理有自然型的，也有人工抽象型的，具体表现为湖、塘、渠、泉水、水幕等。在园林中，涓涓细流让空间得以贯通；宽阔如镜的水面成就了画面的通透；喷涌的泉水让景观变得迷离和朦胧，它隐现莫测，虚实相拥，和水雾一起成就了趣味横生的艺术景观。

　　水是无色的，所以画水也就是要表现出水的特性，让水的倒影及其流动的特征在画面上得以体现。

　　水的倒影是表现的重点之一，有了它可以让透明的水得以体现（图5-9）。光亮而平静的水面除了有岸边的倒影，还能反射蓝天、建筑物。但水中的静物不能精细刻画，仅仅画出其"流动感"就可以了，过于精细就会喧宾夺主。

　　喷泉与水雾要整体概括地表现，体现若隐若现的感觉（图5-10）。

图 5-9　静水中的倒影表现

图 5-10　喷泉的手绘表现

## 四、各种材质的手绘表现

在景观手绘表现中，加强材料真实而生动的质感是非常重要的，有助于提高观众想象空间的真实性。在景观设计中常用的材料主要包括木、砖、瓦、石、水泥、金属、塑料和玻璃等，这些材料的逼真表现与否，常常决定一张效果图表现的好坏。初学者应该多描绘自然界中的材质，这样才能更好地绘制效果图（图5-11、图5-12）。

图 5-11　玻璃和玻璃幕墙的材质表现

图 5-12　石材材质表现

### 1. 砖墙

砖的质地坚硬，表面粗糙，画砖墙时要掌握砖墙的特点以及砖墙远处与近处的特征。表现砖墙局部时，要表现出砖的色调变化、灰缝形成的阴影与砌筑方式等，一般可采用概括的方法，如在转角处适当细画一部分，其余的分出明暗色调，一带而过。砖墙在阳光下的亮部和阴影形成鲜明的对比，可先从较暗部分开始落笔，用较粗的线条表示阴影。线条之间可适当留白断开，运笔时要慢，线条稍带颤动，这样线条的组成既美观又富于表现力。在长线条中插入一些短线条，并适当用较多的短线条表现一些局部，这样做可使画面线条避免呆板单调。墙面的色调，上面可稍深一些，逐渐向下退晕，线条的粗细也可适当有些变化。

### 2. 石块砌筑墙

石块砌筑墙与砖墙不同，它的砌块大，形状不一致，色调也有变化。石块砌筑墙的石块呈水平排列，大小搭配，变化有致，接缝错落，给人以坚硬、结实的感觉。表现石块砌筑墙时，下笔可从最暗的部分开始，暗面的石头用较粗密的线条叠合，由深至浅。为了求得变化，有些石块可用垂直线同时加些水平或斜线条表现，用粗黑线表示出石块的阴影。石块之间应留出空白，表示灰缝和石块上部的受光效果。

### 3. 抹灰墙面

砖墙或混凝土墙外面的粉刷墙面，如水刷石、干粘石、水泥砂浆或白灰墙面等，都有水平缝和垂直缝，有的表面粗糙，有的稍细一些。它们的色调都比较浅，不适于用线条表示，尤其是墙面的受光部分，应保持一定的明度。在这种情况下，可采用点和小圈的疏密来表示不同的深浅与明暗，并用线条表示墙面的分格线。为了加强画面效果，可在局部转角处加上一些阴影线条，以取得变化。

### 4. 玻璃

玻璃是光滑、透明的材料，具有反光的特点，也容易受周围环境的影响。玻璃在阳光照射下，会出现许多晶亮的高光，还能把天空、云彩和周围的树木、楼房反映出来。画建筑局部时，要对玻璃窗做稍微细致的刻画，应反映出光亮、阴影与反光面。如果画大型建筑或高层建筑，玻璃窗就不一定是描绘的重点，就不必强调每一窗格的明暗变化，只需做大面积的变化处理即可。如果刻画过细，反而会影响整个建筑的协调，使画面杂乱无章。

## 五、景观小品的手绘表现

景观小品具有实用性和观赏性的双重功能，如指示牌、垃圾箱、树池、花坛、椅子等，它们既要满足功能需求又要在造型、材质和色彩上与周边环境相协调。有些装饰性强的景观小品，如雕塑，要起到视觉中心和烘托主题的作用（图5-13）。

**图 5-13  景观小品手绘表现  张国强**

## 六、人物的表现技法

在景观表现中，人物是重要的配景之一，生动的人物姿态最能活跃画面气氛，反映一定的地域风情。人物除了有点缀作用，让画面显得生动活泼之外，还可以起到衡量标准的作用，用以推导出建筑物或场景的大小，还可以渲染和强化表现场所的性能和氛围，对纵深空间也有帮助。

透视图中的人物可以分为前景人物、中景人物和远景人物。这三个景中的人物在一个画面时，其高度是由视平线决定的（图5-14）。当画面表现不同区域高度或俯视图、仰视图时可以因地制宜，不受此限制。

前景中的人物占据画面的最前沿，根据近实远虚的原则，可以将人物处理得较为细致，光影感也要强一些。有时可以根据画面需要采用镂空的方式，把画面变得较为通透。前景人物可以用于画面的补缺和遮挡，位置一般安放在画面非重心或一角的位置，对画面起到均衡的作用，而且数量也不宜过多，1～2个即可。一般情况下，前景人物多采用半身带手的动态造型，面部最好是对着主体物，这样画面比较自然。

图 5-14　成人与儿童的视平线

　　中景的人物一般位于主题的表现空间范围内，是情节表现的主题承载者，身形动态也需要全部刻画，注重整体，面部处理可以稍微放松和简单些。画面的分布也应尽可能散一些，否则容易遮挡主体表现物。

　　远景人物位于画面空间较深的位置，多居于画面中心或离主体表现物较近的位置，主要是为了起空间的延续、色彩的点缀及氛围的营造等作用。人物不可过多，能表现大体轮廓和动态即可，甚至有时采用一个模糊的剪影就可以。

　　还有种人物表现方法就是装饰性和象征性的，仅仅作为一种符号来出现，常常在构思性的透视草图内使用。

　　人物的表现技法要点如下：

　　（1）近景、中景、远景人物的头部要在视平线上。

　　（2）在一般透视图中，人物的位置布局要自然、灵活，可参照三角形的布局方式。

　　（3）人物造型要与设计环境相吻合。

　　（4）人物色彩与画面相呼应，可用纯色，以起到点缀作用。

　　（5）人物大小比例要得当，始终为烘托主体服务。

（6）人物的刻画手法与整个画面要统一。

（7）人物组群要自然，有聚有散，疏密得当。

## 七、交通工具的手绘表现

### 1. 汽车

汽车作为室外表现的重要配景之一，与人物有着同样重要的功能：映衬空间比例，增加构图的趣味性，填补空间，增强效果图的表现力。汽车要与场地功能相吻合，高档时尚的汽车可以使繁华的街道增色很多，这一点与人物配景是相通的。另外，刻画的细致程度也与汽车的远近和整个图面的效果有关：近景需刻画得细致一点儿，远景可以概括一些；汽车作为配景应该以烘托主景为主，不能喧宾夺主。

街上的汽车要根据主光影的变化而改变，它们的颜色能很好地调节画面的整体色调，起到一定的点缀作用。如颜色需要补充的情况下，在绿色环境中画红色汽车，在海边画黄色汽车。

### 2. 船舶和飞机

船舶与飞机也有衬托景观的作用，在描绘港口、码头、机场的景观作品时，应巧妙安排，使画面充满生活气息和繁忙的景象。飞机和船舶的画法与汽车的画法相似，也是先概括成简单的几何体块，然后进行细致刻画（图5-15）。

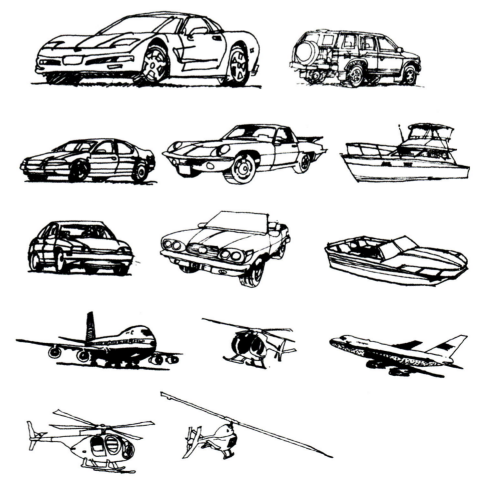

**图 5-15　交通工具的手绘表现**

## 第二节　居住区景观的手绘表现

居住区通常给人以温馨、安宁、健康、团圆、和睦的感觉，这就需要图面的色彩比较稳重、柔和，不宜采用太多饱和度高、对比度大的色彩。比如居住小区中住宅和会馆的颜色一般为暖色调，但又不要过于鲜艳，如大红、明黄这样的颜色过于刺激观赏者的视觉，容易使画面产生不稳定的感觉，所以居住区中建筑的颜色一般为赭石、熟褐或暖灰中稍加一些暖色等，这些色彩产生的稳定、平和的视觉感知与人们对居住区气质的理解是一致的。但是在表现居住小区公共景观时，情况又有所不同，此时可以采用鲜艳一些的颜色以突出此活动区域的活力，但也要注意画面整体颜色的统一性。线条也不宜过于张扬，运笔时的抖动和线条交叉处的出头都不要过于夸张。另外，配景人物的服装样式和举止动作也应该与居住区环境相和谐。比如，居住小区里要有各个年龄阶段的人，有些人还带着宠物；男女老少一般都穿着休闲装、运动装，其颜色个别的可以和背景对比度强一些，以打破统一色调的沉闷；所进行的活动也是比较安静平和的，比如慢跑、散步、下棋、聊天等，总之配景应该充分烘托居住小区的气氛。居住小区的手绘表现很少选择冬季，一般选择绿树成荫、郁郁葱葱的夏季（图5-16至图5-25）。

图5-16　居住区景观表现（一）

图5-17 居住区景观手绘表现（二）

图5-18 居住区景观手绘表现（三）

图 5-19　居住区景观手绘表现（四）

图 5-20　居住区景观手绘表现（五）

**图5-21　居住区景观手绘表现（六）**

**图5-22　居住区景观手绘表现（七）**

图 5-23　居住区景观手绘表现（八）

图 5-24　居住区景观手绘表现（九）

图5-25 居住区景观手绘表现(十)

## 第三节 商业区景观的手绘表现

　　商业街和商业广场的图面颜色可以多样、五彩缤纷，色彩饱和度、纯度和亮度都可高于其他类型的景观表现图，而且一般以暖色调为主，在环境空间色彩上局部表现用高明度、高纯度的颜色，例如大红、明黄这样的颜色，可以给观赏者强烈的视觉刺激，活跃画面的气氛，色彩所表达的动感和跳跃与表现商业区繁华、欢快、轻松的特征相一致，但同时要注意画面色彩的统一与协调。配景人物的数量应该比较多，以青年人物表现为主，服饰应富于现代气息并且选择高明度、高纯度的颜色进行点缀，交通工具主要为汽车，注重商业区内商业陈设细部的刻画，如牌匾、广告、商业休闲茶座等，总之配景要衬托出商业区热闹、引人注目的商业氛围（图5-26至图5-30）。

图5-26 商业区景观手绘表现(一)

图5-27 商业区景观手绘表现(二)

图 5-28 商业区景观手绘表现（三）

图 5-29 商业区景观手绘表现（四）

图 5-30 商业区景观手绘表现（五）

## 第四节 园林景观的手绘表现

　　园林景观的效果图最具多样性与丰富性，在手绘表现时相对比较自由。人们一般在园林中寻求宁静、安详、轻快、愉悦的感觉，所以园林景观效果图的色彩应该比较明快，要尽量避免沉闷的重色调，防止形成空间氛围的压抑感，与图面传递的情感不符。园林景观效果图的配景选择同样自由而丰富，依据所传递的氛围，选择适当的人物；依据不同的地域，选择代表性的山石、植物；依据场所的活动功能，选择适宜的铺地材质；依据不同的时间、季节及一些特殊的时刻，如晚霞、秋季、雪后等，选择统一的色调调和图面，突出这些时刻的独特氛围（图 5-31 至图 5-36）。

图 5-31　园林景观手绘表现　靳琛

图 5-32　园林景观手绘表现（一）

图 5-33　园林景观手绘表现（二）

图 5-34　园林景观手绘表现（三）

图 5-35　园林景观手绘表现（一）　单鹏宇

图 5-36　园林景观手绘表现（二）　单鹏宇

## 技 能 拓 展

### 教你绘制室外建筑线稿

扫码学习室外建筑线稿绘制步骤。

教你绘制室外建筑线稿

### ◉ 本章小结 ···············································⊙

　　本章首先介绍了景观手绘表现的构成要素，然后分别简要介绍了居住区、商业区、园林景观的手绘表现，有助于学生的室外空间设计手绘表现技能的提升。

### ◉ 思考与练习 ···············································⊙

　　分别对居住区景观和商业区建筑进行手绘表现训练。

# 第六章 手绘效果图表现综合训练

**知识目标**

　　了解手绘效果图表现的步骤，了解不同对象的手绘表现要点和注意事项。

**能力目标**

　　熟练掌握并能够综合运用手绘效果图表现的方法和技巧。

## 第一节　手绘效果图表现步骤

### 一、室内手绘效果图表现步骤

#### 1. 空间透视草图

　　空间透视草图就是设计概念草图，它能反映设计师的早期设计创意与构想，在平时的设计接单业务中也用于与客户交流。草图的特点是以线为主，绘制快速，较潦草，一般不追求准确和完整效果，注重思考性与原创性（图6-1）。

#### 2. 空间透视墨线稿

　　墨线稿是在草图的基础上进行修改完善，俗称"中稿"。墨线稿要求空间透视准确、层次分明、光影明确、细节丰富，能准确、详细、完整地反映设计意图（图6-2）。

**图6-1　空间透视草图**

图 6-2　墨线稿（中稿）

## 3. 拷贝墨线成正稿

　　拷贝墨线条件好的可以通过拷贝箱进行，也可以用拷贝纸（或硫酸纸）进行。拷贝时一定要保存好底稿，以备后用，一般有经验的设计师对墨线稿都会复印留底（图 6-3、图 6-4）。

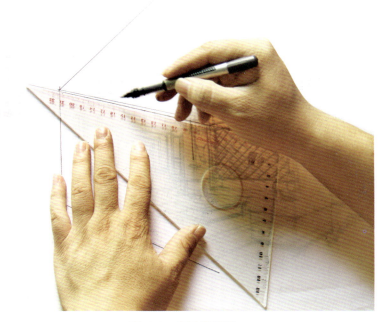

图 6-3　拷贝墨线稿

**图 6-4 成功拷贝成正稿**

### 4. 给正稿初步着色

着色本身也要注意先后顺序。透明技法（水彩、马克笔等）一般先从浅颜色开始，然后叠加深色；也有些设计师喜欢从暗面深色开始，先画背光面。其实，从哪儿开始并不重要，重要的是把握好色彩关系与色彩要素，整体色调与光影氛围等。本步骤以马克笔为例。初步着色一般先用灰色系列（偏冷）的马克笔画出背光部分，用笔要准确快速，注意深浅变化。然后用暖色表现家具、灯具与吊顶造型等（图 6-5）。

**图 6-5 初步着色**

### 5. 完成着色与整体调整

具体对各部分造型进行着色时，以表现固有色为主，但要避免颜色太生硬或"火气"，注意处理好整体与局部色彩的对比与统一关系；材料质感通过用笔的轻重和虚实来表现；强调投影部分的明暗对比效果，让画面明快（图6-6）。

**图6-6　完成着色与整体调整　杨喜生**

## 二、景观手绘效果图表现步骤

景观手绘效果图表现一般要依据平面规划图来进行，应选择最能体现设计意图的角度进行表现，不能为了省事而选择一些无关紧要的局部，这不利于展示设计意图与目的，本步骤图选择从左边的水岸处往前看，能展现本设计方案的主要场景，空间层次丰富，效果强烈，可充分体现设计意图（图6-7）。

**图6-7　视点与角度的选择**

### 1. 构思并绘制草图

　　根据在平面图中所选择的角度用铅笔画出透视草图，先不要表现造型细节，要注重整体概括，处理好空间透视关系（图6-8）。

图 6-8　构思与草图

### 2. 绘制墨线稿并拷贝

　　在草图的基础上表现造型细节，如绿植、水池、水岸塔台等，然后再点缀近处的人物，设置光影，概括明暗，强调空间虚实关系，并用钢笔描画形成正式的墨线稿。拷贝或复印墨线稿，以备着色用（图6-9）。

图 6-9　拷贝墨线稿

### 3. 初步着色

先用彩色铅笔快速涂扫绿化和水面部分，颜色以浅绿为主，形成初步色调。然后用灰色系列马克笔画暗部，刻画大致的明暗关系（图 6-10）。

**图 6-10　初步着色**

### 4. 完成着色与整体调整

用色彩具体刻画植物、水体、塔台建筑，近处植被颜色应清晰明朗，色彩纯度较高、偏暖（草绿、橄榄绿、深绿）；远处色彩偏冷灰（浅蓝、灰绿）。水岸踏步与塔台建筑颜色偏暖灰色，局部花草用浅紫红加以点缀，人物着色应考虑画面整体，不可太过突出（图 6-11）。

**图 6-11　完成着色与整体调整　杨喜生**

## 三、建筑环境效果图表现步骤

### 1. 确定透视形式、视平线高度、视角

根据体块关系用铅笔确定画面的最高和最低位置，植物可以用圆圈表示（图6-12）。

图 6-12 绘制线稿

### 2. 画出建筑的大致轮廓

建筑的大致轮廓如图6-13所示。

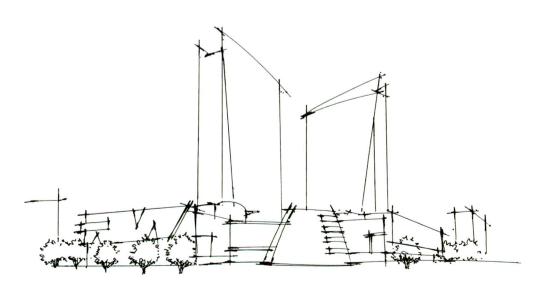

图 6-13 大致轮廓

### 3. 完善建筑轮廓，从整体到细节的分化

可以绘制一些配景人物等，烘托建筑的氛围。注意空间关系与层次等，线条随意洒脱，不拘小节，主次分明（图6-14）。

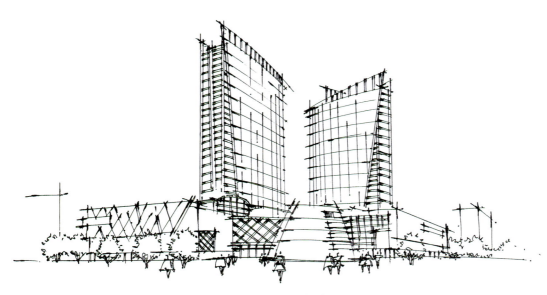

图 6-14　完善的轮廓

### 4. 开始着色

一般用色相对单纯简洁，先用色表现出主体建筑，需要注意玻璃材质的明暗变化，然后简单绘制植物。注意颜色不能画满，马克笔上色的技巧就是要透气（图6-15）。

图 6-15　开始着色

### 5. 进一步上色

将建筑的明暗关系表现出来，注意明暗的虚实变化，玻璃高光可以留白，也可以用高光笔提亮。完善建筑配景，前景、中景、远景绘制，加强明暗对比，注意刻画细节，绘制玻璃上的投影，同时用彩色铅笔绘制天空（图6-16）。

图 6-16 着色并调整 杨喜生

## 第二节 手绘效果图空间环境表现训练

手绘效果图表现在当今信息化时代的设计行业不是应用主流，无论是大型设计项目的招标、投标，还是普通家装项目，业主都可能更看重计算机效果图。但是，手绘效果图表现作为设计基础训练仍具有不可替代的作用。

手绘效果图空间环境表现训练主要包括室内手绘效果图表现、景观手绘效果图表现、建筑手绘效果图表现等的训练。

### 一、室内手绘效果图表现训练

室内手绘效果图表现训练主要以住宅空间为主，包括客厅、餐厅、卧室、卫生间等。要求严格按照表现程序与步骤进行。重点训练对空间透视的把握、家具陈设的搭配与表现，以及色彩色调的控制等（图6-17、图6-18）。

快题设计是手绘效果图表现技法训练的常见方式，一般以指定的小型空间作为设计主题，要求绘制平面、立面、顶面和效果图等，时间较短（8课时左右）。可以徒手绘制，也可以借助尺子等制图工具完成。

**图 6-17**　客厅手绘效果图表现训练　学生：邝洋毅　指导教师：陈祖展

**图 6-18**　餐厅手绘效果图表现训练　学生：邝洋毅　指导教师：陈祖展

## 二、景观手绘效果图表现训练

景观手绘效果图表现训练内容可大可小，可以是局部配景、道路景观，也可以是公园景观和建筑景观等。训练分两个部分：一是线稿构思与表现，二是在线稿的基础上进行着色练习（图 6-19、图 6-20）。训练时可以采用多种表现形式与风格。

图 6-19　公园景观手绘效果表现训练　学生：吴达东　指导教师：杨喜生

图 6-20　景观规划手绘效果图表现训练　学生：刘美君　指导教师：李晟

景观快题设计训练的重点在于表现景观造型及其空间关系、环境配景和小品等（图6-21）。

**图6-21　景观快题设计　学生：潘飞飞　指导教师：李晟**

当前，各种景观与建筑手绘竞赛活动比较多，可借此作为手绘表现训练的内容或主题。图6-22至图6-25所示为一套幼儿园建筑环境设计方案，题目为"别有洞天"。该作品获2010年度"WA·总统家杯"建筑手绘设计大赛三等奖。

**图6-22　幼儿园建筑环境设计方案（一）　设计者：邝洋毅　指导老师：陈祖展**

手绘效果图欣赏

图 6-23 幼儿园建筑环境设计方案（二） 设计者：邝洋毅 指导老师：陈祖展

图 6-24 幼儿园建筑环境设计方案（三） 设计者：邝洋毅 指导老师：陈祖展

图 6-25 幼儿园建筑环境设计方案（四） 设计者：邝洋毅 指导老师：陈祖展

## 三、建筑手绘效果图表现训练

建筑手绘效果图表现与景观手绘效果图表现有些不同，景观手绘效果图表现注重植被与环境配景，建筑手绘效果图表现偏重建筑本身，其他只是作为配景烘托氛围。建筑手绘效果图表现的重点是空间透视与体块结构。建筑色彩配置有一定难度，一般以带倾向性的灰色（冷灰或暖灰）为主调，色彩宜含蓄，不宜过于鲜艳；局部造型或配景（人物、车辆等）可适当采用纯度稍高的色彩来点缀和活跃氛围（图 6-26、图 6-27）。

图 6-26 徒手建筑表现课堂训练 学生：欧幸星 指导教师：唐飚

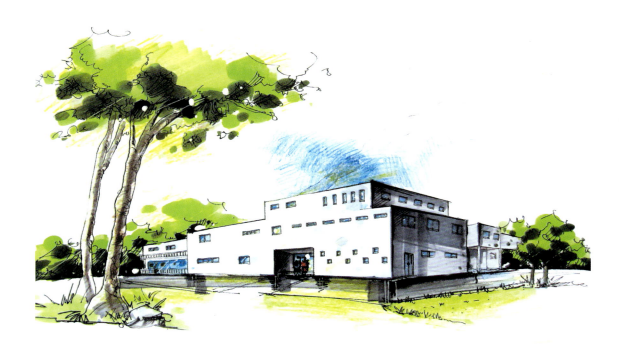

**图 6-27 徒手建筑表现课堂训练 学生：何颖 指导教师：唐飚**

建筑快题设计也是建筑手绘效果图表现训练的内容之一。快题设计应以小体量的建筑为主体，环境配景不能复杂，以免喧宾夺主（图 6-28）。

**图 6-28 办公楼手绘表现快题训练 学生：陈治邦 指导教师：阳海辉**

## 技能拓展

**计算机效果图表现一点通**

随着技术的进步，计算机效果图表现成为手绘表现的重要补充。扫码学习计算机效果图相关知识及 3ds Max 软件。

计算机效果图表现一点通

认识 3ds Max

## ◉ 本章小结

本章介绍了手绘效果图表现的步骤，并讲解了不同对象的手绘表现要点或注意事项，有利于提高学生对手绘效果图表现的认识，为实际训练提供指导和方法。

## ◉ 思考与练习

进行手绘单体训练及室内景观综合手绘训练。

# 参考文献

[1]［美］麦克．W．林．建筑绘图与设计进阶教程［M］．魏新，译．北京：机械工业出版社，2004.

[2]陈新生．建筑钢笔表现［M］．上海：同济大学出版社，2004.

[3]马路．环艺手绘表现图技法［M］．苏州：苏州大学出版社，2006.

[4]鲁英灿，蒋伊林．AITOP·徒手设计速写专业训练内部资料［M］．北京：清华大学出版社，2007.

[5]冯信群，刘晓东．设计表达——景观绘画徒手表现［M］．北京：高等教育出版社，2008.

[6]姜立善，李梅红．室内设计手绘表现技法［M］．北京：中国水利水电出版社，2007.

[7]孟红雨，郑晓莹．建筑手绘效果图表现技法［M］．北京：中国建材工业出版社，2013.

[8]杨喜生，谢春国．环境艺术设计效果图表现技法［M］．南京：南京大学出版社，2015.